Home | Doenças profissionais. Art. 24. Lei Complementar 073. (MA). | UEMA Maranhão State University | Processo GDR - Caxias 487/99 | Teacher | Agenda | Agenda 1 | Negritude e poder na Língua Árabe | Negritude e poder na Língua Chinesa | Negritude e poder na Língua Coreana | Negritude e poder na Língua Espanhola | Negritude e poder na Língua Hebraica | Negritude e poder na Língua Holandesa | Negritude e poder na Língua Italiana | Negritude e poder na Língua Japonesa | Negritude e poder na Língua Pérsica | Negritude e poder na Língua Polonesa | Negritude e poder na Língua Russa | Negritude e poder na Língua Turca | Negritude e poder na Língua Ucraniana | Negritude e poder na Língua Alemã. | Negritude e Poder em Francês. Noirceur et pouvoir. | Blackness and Power 2nd. edition | Words to visitor | Immediate Use Troops | Kipling | Song 2 | Ekaterina Polushina | November 2002 | Medical Ethics | Medical Expertise | Contact Me | Lawyer | Revenge Target: Pinochet | Perfil militar | Gilberto Freyre | National Shame | The fury of roman legions | Good and Evil Together | Negritude | Blackness and Power 7 | Blackness and Power 6 | Blackness and Power 5 | Blackness and Power 4 | Blackness and Power 3 | Blackness and Power 2 | Blackness and Power 1 | Partners, alert! | The third State | Tiranny | Moment of decision | The message of Ibirapuera | Globalization=Corruption | Operation "Itororó" | National crusade | Electoral Transformism | Argos e as faces | 09/20/88 Deputies Chamber | 1991 - Telegram Deputies Chamber | 06/26/92 Deputies Chamber | Proposta 03704 | Proposta 03707 | Proposta 03597 | Proposta 03226 | Proposta 03382 | Proposta 03389 | Proposta 03554 | 02/27/87 Senate | 04/03/89 Senate | Before December 1992 | Review Lessons | Old Home Page | Lições que ficaram | Política bancária | Propostas sobre política bancária | Fantasy | Military Song | Proposal # 03389 | Central Bank | Qualidade Total - Total Quality | Interpelações administrativas - Administrative interpellations. | Grande Oriente do Brasil - Great East of Brasil | Secretaria de Educação Municipal - General office of Municipal Education | Justiça do Trabalho - Justice of the Work | Razões do agravo de petição - Reasons of the petition offence | Essay Page | Requerimentos - Applications | 01/07/1985 | 08/06/1984 | Translations from "Requerimentos" | Translations 1 | Federal savings bank | Proposta 03845 | Proposta 03829 | Proposta 03828 | He alerts the youths!

Web Log On Line Diary Nehemias

Requerimentos - Applications

Petitions presented at my workplace.

Caxias, MA, 06 de agosto de 1984.

Banco

Rua .....

Nesta

Senhor Gerente,

FUNCIONÁRIO: Matr., Nehemias, Carreira Administrativa, B 2.

ASSUNTO: Faz relatório acerca das alterações efetuadas para guarda dos documentos microfilmados pelo Cesec, no período de 29.06 a 01.08.84.

RAZÕES: Atendendo à solicitação verbal da Gerência-adjunta, examinei, no Manual de Alta Mecanização DEB - 05, a destinação preconizada para os documentos de caixa, cópias de lançamentos extracaixa, lotes de operações diversas, acertos de lançamentos, após sua microfilmagem.

Constatei que a nomenclatura usada, no âmbito de nossa agência, para papéis microfilmados, "bagaço", não se encontra no respectivo manual.

As grades, que capeiam os documentos enviados ao Cesec, devem ser anexadas aos respectivos documentos, quando teremos grades capeando cópias de extracaixa, grades com documentos de caixa, fichas de lote de operações diversas, grades com documentos de acertos de lançamentos, sendo que os documentos de caixa devem ser acondicionados em invólucros plásticos e arquivados no Guarda-Valores, em caixas de papelão distintas dos documentos de extracaixa, como pode-se examinar no próprio modelo das caixas existentes naquele local.

Constatei, ainda, que as "pastas para grades" estão substituindo a norma que prescreve que as grades devem ser anexadas aos documentos a que se refiram.

As observações arroladas não obtiveram boa receptividade junto à Titular, que, a mim, discordou de sua validade, na manhã de 02.08.84. Na ocasião, falei-lhe que minha opinião é de que as mudanças efetuadas têm respaldo normativo, e que ela deveria dialogar com a Administração desta agência para ver como ficaria a situação dali por diante.

Ao concluir, solicito-lhe que eventuais pedidos de esclarecimentos sobre o assunto DEB sejam efetuados na forma normativa vigente, por escrito.

Caxias, MA, 07.01.85

Banco

Rua .....

Nesta

Senhor Gerente,

FUNCIONÁRIO: Matr., Nehemias, B 3, Posto Efetivo.

ASSUNTO: Sua interpelação de 03.01.85.

Em atenção ao item 4-3-1-a do Manual DEB argumentamos que a confecção das fichas de lote e o preenchimento da grade-controle dos documentos de caixa é efetuado no subsetor Retag, nesta agência, sendo que o subsetor Cedoc apenas coloca a planilha que os endereça ao Cesec MGC/MICRO. Os outros documentos ali mencionados são confeccionados no Cedoc.

Em atenção ao item 4-3-2-3 do Manual DEB, argumentamos que ocorre o descumprimento das rotinas 4-3-2-1 e 4-3-2-3 do citado doc. de serviço, tendo em vista que o Cedoc já recebe as fichas de lote dos documentos de caixa numeradas, capeadas pelas respectivas grades-controles, agindo como expedidor, na sistemática ora adotada na ag., desobrigando o fiel cumprimento do item 4-3-2-3 do Manual DEB, em virtude da inobservância dos itens referidos no início deste parágrafo.

Isto posto, informamos-lhe que os documentos em questão foram trazidos do 2. andar até o 1. andar, onde está localizado o Cedoc pelo posto efetivo Alcds. Informamos que os referidos documentos, à época em que substituía a comissão do Cedoc, sempre chegava na vizinhança do horário-limite para saída do malote eletrônico - 18:05 h.

Tomei conhecimento do erro na remessa após as 20:00 h de 14.11.84 através de telefonema da supervisora Grç. Incontinenti dirigi-me a esta agência bancária, onde já se encontravam o Supervisor Mt. e a Supervisora Grç. Pelas 21:00 h os documentos foram encontrados pelo Mt. e posteriormente efetuada uma ligação telefônica para o Chefe dos Supervisores do Cesec Teresina R. Também falei com o R., ficando combinado que a agência escrituraria manualmente o movimento de caixa de 14.11.84 na listagem deb 744, para 16.11.84. Após minha saída da agência, dirigi-me à residência da Gerente-adjunta Glr., não a encontrando ali.

À tarde de 15.11.84, efetuei ligação telefônica ao Cesec Teresina, através de telefone residencial, onde expus a ocorrência, em ligação de 19 minutos, ao Inspetor Hl. O mesmo entrou em contato com o R., que ligou para mim. Recebi uma autorização da Gerente-adjunta Glr., no Palácio Episcopal, para receber o relatório deb 744 aludido, como de resto o recebi através do R., em Teresina, conforme Prestação de contas, de 16.11.84. A primeira idéia foi de escriturar o movimento de caixa na própria noite de 15.11.84.

Os dias 13.11 e 14.11.84 foram de pico quanto a mensagens por via especial. A dotação do subsetor Cedoc era de 1 assistente de supervisão, 1 posto efetivo para remessa de documentos ao Cesec, e 2 postos efetivos para os serviços de telex, sendo que aquele de horário das 12:00 às 18:00h cede o horário de 12:00 às 13:00h no Sediv. Diariamente. O subsetor, através do comissionado, expede e recebe malotes da compensação, eletrônico, Timon, Aldeias Altas, Matões.

As informações acima restringem-se ao período em que substituía a comissão, sem qualquer relação com eventuais situações-problema porventura existentes naquele subsetor agora (Cedoc).

Informo estar lotado há três anos no subsetor Cotes e que neste período nunca desempenhei funções de posto efetivo no subsetor Cedoc por seis horas diárias.

Em nossa concepção, elogiamos a iniciativa dessa administração, pela qual nutro estima unilateral, em formar o processo, tendo em vista que o elevado valor pecuniário a débito e crédito da conta caixa que, se somados, atingem a ordem de quatrocentos milhões de cruzeiros, que poderia, no caso de extravio dos papéis, constituir crime de ação pública, sendo passível de comunicado à polícia. Contudo, destacamos a extemporaneidade da interpelação recebida em 04.01.85, tendo em vista que o evento ocorreu em 14.11.84. Tal fato contraria a "máxima celeridade" prevista na CIC FUNCI 6-3-4.

Continuo receptivo a outras inquirições pertinentes a boa condução dos serviços de nosso Banco em geral, e de nossa agência em particular.

Caxias, MA, 04 de outubro de 1985.

Banco

Rua .....

Nesta

Sr. Gerente,

FUNCIONÁRIO: Matr., Nehemias, B 3, lotado nesta.

ASSUNTO: Requer cancelamento do desconto mensal efetuado em sua Folha de Pagamento na verba 600 - AABB a partir do mês de novembro/85.

RAZÕES: O referido desconto atinge a faixa de Cr$ 29.000; Há mais de seis meses não utilizou as dependências da Associação.

N. termos,

P. deferimento.

Visto: AABB Caxias,MA

Js. da Slv. Rdgs.

Vice-presidente administrativo

Caxias, MA, 13 de outubro de 1987.

Banco

Nesta

Senhor Gerente,

FUNCIONÁRIO: Matrícula, Nehemias, 09-23, Carreira Administrativa, lotado nesta.

ASSUNTO: Estorno de juros calculados sobre saldo devedor de Cz$ 7.948,88 nos dias 11, 12, 13 de outubro de 1987.

RAZÕES: Seu contrato de cheque-ouro venceu-se em 10 de outubro de 1987. Em 09 de outubro de 1987 já se encontrava com sua renovação autorizada pelo limite de Cz$ 15.000,00.

Caxias, MA, 14 de dezembro de 1987.

Banco

Caxias - MARANHÃO

Sr. Gerente,

FUNCIONÁRIO: Matr., Nehemias, 09-23, Carreira Administrativa, lotado nesta dependência.

ASSUNTO: Diferença de conversão em espécie de férias/abonos.

RAZÕES: Conforme relatório FAL 737, posição em 31.10.87, adquiriu anuênio em 12.10.87. As férias 86/87 foram iniciadas no dia 13.10.87.

Caxias, MA, 05 de janeiro de 1988.

Banco

Caxias (MA)

Sr. Gerente,

FUNCIONÁRIO: Matr., Nehemias, Carreira Administrativa, 09-23, lotado nesta dependência.

ASSUNTO: Crédito de 3 horas-extras de vantagens de férias, período abril/86 a agosto/86.

RAZÕES: Alega não haver recebido crédito das horas-extras.

Anexos: 1

Caxias (MA), 15.01.88

Banco

Caxias MA

Sr. Gerente,

FUNCIONÁRIO: Matr., Nehemias, 09-23, Carreira Administrativa, lotado nesta.

ASSUNTO: Pedido de reconsideração das glosas das notas fiscais 19585, de 31.10.87, 18497, de 23.09.87, 18305, de 22.11.87, emitidas por José Tadeu Assunção, C.G.C. 06080949/0001-25, desta praça.

RAZÕES: Em contato mantido com o proprietário da farmácia, informou-me que são usados vários blocos diariamente. Que pode acontecer que um dos blocos de numeração maior termine antes do bloco imediatamente anterior, em função das vendas realizadas pelos balconistas.

Declaro que a medicação foi adquirida nas datas ali assinaladas.

Reconsideração apresentada nos termos da instrução 11-15, Documento nr. 2, do Regulamento Geral de Auxílios.

Anexos: 7

Caxias (MA), 11.03.88

Banco

Nesta

Sr. Gerente,

FUNCIONÁRIO: Nehemias, matr., Carreira Administrativa, 09-23, lotado nesta.

ASSUNTO: Recebimento de conta da Companhia Energética do Maranhão - CEMAR.

RAZÕES: Respectivas contas de luz foram pagas nesta agência:

Vencimento data pagamento nr. autenticação

16.06.87 17.06.87 053-RCQ787

07.02.88 24.02.88 096-RCF617

2. Cemar alega não haver recebido as contas:

Vencimento Valor

16.06.87 86,31

07.02.88 280,80

tx. relig. 21,99

multas 0,00

389,10

3. Pelas razões citadas, que envolve nossa agência, pela transferência de recebimentos da Cemar, e seu funcionário, que teve o fornecimento de energia elétrica cortado dia 10.03.88, é que levo ao conhecimento dessa administração.

Anexos: Cópias das contas pagas.

Caxias (MA), 10.08.88

Banco

Nesta

Sr. Gerente,

FUNCIONÁRIO: Matr., Nehemias, B-3, lotado nesta.

ASSUNTO: Solicita que seja adquirido em seu nome junto à XXDTVM ações ordinárias nominativas do Banco, totalizando Cz$ 20.000,00 incluídas comissões da XX-DTVM.

Caxias (MA), 12 de agosto de 1988.

Banco

Caxias (MA)

Sr. Gerente,

FUNCIONÁRIO: Matr., Nehemias, Carreira Administrativa, B-3, lotado nesta dependência.

ASSUNTO: Crédito de 3 horas-extras de vantagens de férias, resultados das somas das horas-extras do período aquisitivo abril/86 a abril/87, trabalhadas de abril/86 a agosto/86, divididas por 13.

RAZÕES: 1. Alega não haver recebido crédito das horas-extras.

2. Tendo requerido em 05.01.88, ainda desconhece resultado do pedido.

3. Normativo regulamentar é Carta-Circular de dezembro/86.

4. A 1a. via do requerimento devolvido pelo Cesec-Teresina-PI em 11.08.88 foi enviada àquele Centro em 05.01.88.

Caxias (MA), 29 de agosto de 1988.

Banco

Departamento de Controle do Pessoal

Divisão de Afastamentos, Comissionamentos e Promoções

Brasília - DF

Senhor Chefe,

FUNCIONÁRIO: Matr., Nehemias, posto efetivo B-3, 7 anuênios, localizado em Caxias (MA).

ASSUNTO: Pedido de abono das ausências. A contar de 29.08.88.

RAZÕES: Sou candidato ao cargo de Vereador pelo Partido Democrático Social - P.D.S. - às eleições de 15 de novembro de 1988, na forma da sentença do Excelentíssimo Senhor Doutor Juiz Eleitoral da 4a. Zona da Comarca de Caxias (MA).

1. Do exposto, e de conformidade com o artigo 25 da Lei nr. 7.664, de 29 de junho de 1988, e com instruções da CIC FUNCI 4-3-9-14, venho pedir que me conceda licença para concorrer ao posto eletivo municipal de Vereador.

Anexo: 1 certidão (original)

Caxias (MA), 05 de setembro de 1988.

Banco

Caxias (MA)

Sr. Gerente,

FUNCIONÁRIO: Matr., Nehemias, Carreira Administrativa, B-3, lotado nesta dependência.

ASSUNTO: Expediente 1826-4, 30.08.88, do Cesec-Teresina PI sobre minhas vantagens de férias.

RAZÕES: Tomando conhecimento nesta data do teor do expediente citado e contestamos a inexistência das horas-extras relativas ao período de outubro/86 a setembro/87.

2. Com a experiência de quase 5 anos de posto efetivo encarregado dos serviços do funcionalismo sou de opinião, suscetível de mudança à apresentação de outra opinião abalizada, que as vantagens de férias têm como referencial o período aquisitivo. No nosso caso, o período é abril/86 a abril/87.

3. Desconheço a vinculação do referido cálculo à sua fruição.

4. Com referência ao item 2 do expediente do Cesec-Teresina (PI), ratificamos que a 2a. via do requerimento de 05.01.88 está com protocolo e rubrica de recepção da agência.

5. Caso persista a interpretação da inexistência das vantagens de férias, peço que seja submetido o assunto à instância superior.

Caxias (MA), 22 de novembro de 1988.

Banco

Caxias - MARANHÃO

Senhor Gerente,

FUNCIONÁRIO: Matr., Nehemias, B 3, Carreira Administrativa, lotado nesta.

ASSUNTO: Ações ordinárias nominativas do Banco.

RAZÕES: Em aditamento aos requerimentos anteriores, mais telex de 21.11.88 da agência Rio de Janeiro-Centro RJ, solicito a aquisição de 200 - duzentas - ações ordinárias nominativas do Banco.

Caxias (MA), 16 de março de 1989.

Banco

Departamento de Controle do Pessoal

Divisão de Cargos, Remuneração e Normas

Senhor Chefe,

FUNCIONÁRIO: Matr., Nehemias, B 3, lotado em Caxias-MA, em gôzo de férias.

ASSUNTO: Revisão dos valores apurados a título de 16 horas extraordinárias de vantagens de férias conforme cópia de requerimento anexa.

RAZÕES: Mais do que o valor pecuniário justifico este requerimento devido à divergência de interpretação do cálculo, o qual não foi aceita a interpretação obtida junto ao Cesec-Teresina PI pela agência Caxias-MA.

2. Advogo que o valor das 16 horas-extras deva ser calculado:

1/180 vezes 1,50 (VP + AN) vezes 16 =

0,008333 vezes (VP + AN) vezes 16 = NCz$ 64,48.

3. Este requerimento é dirigido a essa Chefia porquê nas férias do período abril 86/87 aconteceu reclamação quanto à horas-extras - três horas - que decidi então desistir do seu valor e da interpretação quanto à sua perda.

Caxias (MA), 29 de março de 1989.

Banco

Senhor Gerente ......

Nesta

FUNCIONÁRIO: Matr., Nehemias, B 3, lotado nesta, em férias.

ASSUNTO: Processo escolar junto à Unidade de Estudos de Educação de Caxias-MA.

RAZÕES:

1.   Com a finalidade de informar a esta agência sobre processo escolar na UEEC, onde achamos prejuízo quanto à conclusão do Curso de Licenciatura Curta em Ciências, cuja divulgação extrapolou as fronteiras brasileiras, através de Universidade do exterior - Fairfax University, New Orleans - inclusive remessa de dólares, que procuramos devido total inutilidade de resolver o impasse em todos os níveis educacionais acessíveis nacionais.

2.   Anexamos documentação sobre item acima, a título informativo, desobrigando plena e totalmente de eventual partidarismo em prol de nossa causa de parte do Banco.

Caxias MA 29 de março de 1989.

Banco

Senhor Gerente ...

Nesta

FUNCIONÁRIO: Matr. Nehemias, B 3, lotado nesta, em férias.

ASSUNTO: Reclamação que fizemos ao Chefe do DESED.

RAZÕES:

1.   Tendo em vista nosso desagrado por eventualmente termos ajudado a criar um clima de mal-estar junto a nosso Órgão de formação de pessoal, peço que encaminhe o comunicado da Secretaria Particular da Presidência da República anexo, que trata SEAP N. 309836-2, de 05.11.87, ao DESED.

2.   Nesta oportunidade pedimos desculpas por havermos deixado que tal reclamação tivesse chegado ao seu conhecimento após a Direção Geral.

3.   Além dos motivos listados naquele documento, que me impeliram a questionar nosso Chefe do DESED - Sérgio de Abreu Mautoni, pelo embaraço em que me senti, a comunicação ora feita, nos outros dois requerimentos feitos, sobre processo escolar junto à Unidade de Estudos de Educação de Caxias, e o outro sobre requerimento no interesse do serviço, visam a melhor percepção dos motivos impelidores do questionamento referido.

Caxias (MA), 29 de março de 1989.

Banco

Senhor Gerente ...

Nesta

FUNCIONÁRIO: Matr. Nehemias, B 3, lotado nesta, em férias.

ASSUNTO: Remoção no interesse do serviço.

RAZÕES:

1. No sentido de tentativa de retribuição a quanto tenho usufruído do Banco, sentir-me-ia honrado se pudesse, a partir de abril/90, trabalhar um ano em agência do Banco no estado do Maranhão, a juízo da SUPER-MA, assegurado o retorno a esta dependência de Caxias MA, para ficar um ano, com possibilidade de repetir o oferecimento noutras oportunidades.

Caxias (MA), 31 de março de 1989.

Banco

Caxias MA

Sr Gerente,

FUNCIONÁRIO: Matr. Nehemias, B3, lotado nesta, em férias até 31.03.89.

ASSUNTO: Adição no interesse do serviço.

RAZÕES:

1. Embora tenhamos requerido remoção no interesse do serviço a partir de abril/90, esclarecemos que, no caso da administração, representado pelo Sr Edmr, achar necessários nossos serviços aqui, sentir-me-ei honrado com esta conclusão, aceitando aqui permanecer.

2. Pensando no(s) funcionário(s) que possam precisar a partir de abril/90 de uma permanência próxima a Teresina PI por motivos justos, como o de saúde, ou

3. Pensando nalguma agência do interior do estado do Maranhão, aí incluindo Aldeias Altas, que possa precisar a partir de abril/90 de um reforço temporário em seu quadro;

4. Colocamo-nos à disposição para adição no interesse do serviço, com o dispêndio pecuniário exclusivamente para deslocamento e hospedagem, pagos estes valores pelo Banco aos favorecidos.

5. Entendemos prazo normal de adição no interesse do serviço como 90 (noventa) dias.

Caxias (MA), 05 de abril de 1989.

Banco

Ag. de Caxias (MA)

Sr. Gerente,

Declaro, para os devidos fins, ser de meu interesse e por conveniência do serviço, exercer minhas funções de empregado desse Banco em horário fracionado, conforme preceitua a CIC FUNCI 4.1.4, e da seguinte forma:

Das 07:30 às 11:00 hs

Das 12:30 às 15:00 hs

Caxias/MA 02.05.89

Telegrama

89821 Y MASL

89722 Z MACX
02/1055

CXS00002 0205 1040

Erc Frtd - Banco

Av. Pedro II, 78 Centro

São Luís/MA

Nossa idéia é punições deveriam restringir-se aos comissionados devido sua autoridade funcional e cargo confiança. Posto efetivo não deveria sofrer punição advertência até mesmo seu grau responsabilidade/remuneração cotidiano trabalho. Ademais posto efetivo ainda depende aprovação concurso exercício funções comissionadas, implicando que nem que queira posto efetivo pode retornar agência normalidade serviços. Teor esta mensagem informado Edmr.

89722 Z MACX

89821 Y MASL

Caxias (MA), 30 de maio de 1989.

Banco

Nesta

Senhor Gerente,

FUNCIONÁRIO: Matr., Nehemias, B 3, Carreira Administrativa, lotado nesta dependência.

ASSUNTO: Pedido de informações sobre lançamentos contábeis de origem extracaixa efetuados em sua conta de depósitos.

RAZÕES: Não recebi cópias ou avisoa de cliente dos lançamentos, ou informação por outros meios.

2. Os lançamentos constam de extrato anexo, datado de 29.05.89

Data data bal. histórico lote documento valor

220589 190589 mov do dia 09910 0 291,00 C

260589 mov do dia 05010 0 291,00 D

Anexos: fl 1 DEB 724, 29.05.89

Caxias, MA 21 de junho de 1989.

Banco
 a/c Sr
 .....

Nesta

Senhor Gerente,

FUNCIONÁRIO: Matr., Nehemias, B 3, carreira administrativa, lotado nesta.

ASSUNTO: Expurgo de documentos constantes de meu dossiê individual de avaliação.

RAZÕES: A via original do formulário de avaliação, a ficha de acompanhamento do desempenho e cópia de eventual documento sobre discordância são conservados em dossiê individual, pelo prazo de 5 anos, sob guarda reservada da administração.

2. Considerando que vi em meu dossiê ficha de acompanhamento ainda da agência Gilbués, PI, onde trabalhei até 06 de dezembro de 1981, peço que constate existência dos documentos expurgáveis, e os expurgue.

3. Enquadramento regulamentar é aquele encontrado na CIC FUNCI 8-3-49.

Caxias, MA 07 de julho de 1989.

Banco
 a/c Sr.
 .....

Senhor Gerente,

FUNCIONÁRIO: Matr. Nehemias, Carreira Administrativa, oito anuênios, B 3, lotado nesta dependência.

ASSUNTO: Sugestão relativa transferência de créditos de aposentados do IAPAS.

RAZÕES: A remuneração dos aposentados tem experimentado processo de aumento de seu poder aquisitivo. No entanto pode-se afirmar que desconto do valor de ressarcimento de despesas de comunicações, atualmente NCz$ 2,90 faz alguma falta. Por exemplo, o quilograma de carne maciça custa NCz$ 6,00.

2.   A própria despesa de NCz$ 2,90 talvez não seja suficiente para cobrir despesas de transmissão via telefônica, sem somarmos despesas de pessoal, nas liquidadas via extracaixa.

3.   Sugerimos que se consulte o Órgão encarregado da emissão dos relatórios FCC, se estes relatórios poderiam ser enviados para agências não implantadas no DEB "analítico" para que as agências correspondessem a débito da agência Central-Brasília, DF, conforme o caso.

4.   Precariamente, enquanto aguardando solução da consulta, nossa agência poderia iniciar três avisos de crédito para as agências de Brejo, MA; São Domingos do Maranhão, MA; Colinas, MA, utilizando os anexos 1, 2 e 3, apensos ao presente requerimento. Caxias, MA 14 de julho de 1989.

Banco
 a/c
.....

Nesta

Senhor Gerente,

FUNCIONÁRIO: Nehemias, matr., Carreira Administrativa, B 3, oito anuênios, lotado nesta dependência.

ASSUNTO: Liquidação antecipada intra-folha do saldo existente na verba 535 - Adiant. sal. Repos. 10 meses, que no espelho de junho/89 era de NCz$ 291,00, e o desconto de NCz$ 48,50.

RAZÕES: Para que a margem consignável - 30 % atinja NCz$ 122,02, possibilitando-me pleitear empréstimo tipo 024 - NCz$ 2.000,00 - prestações iniciais sem correção - NCz$ 118,28.

Caxias,MA, 18 de julho de 1989.

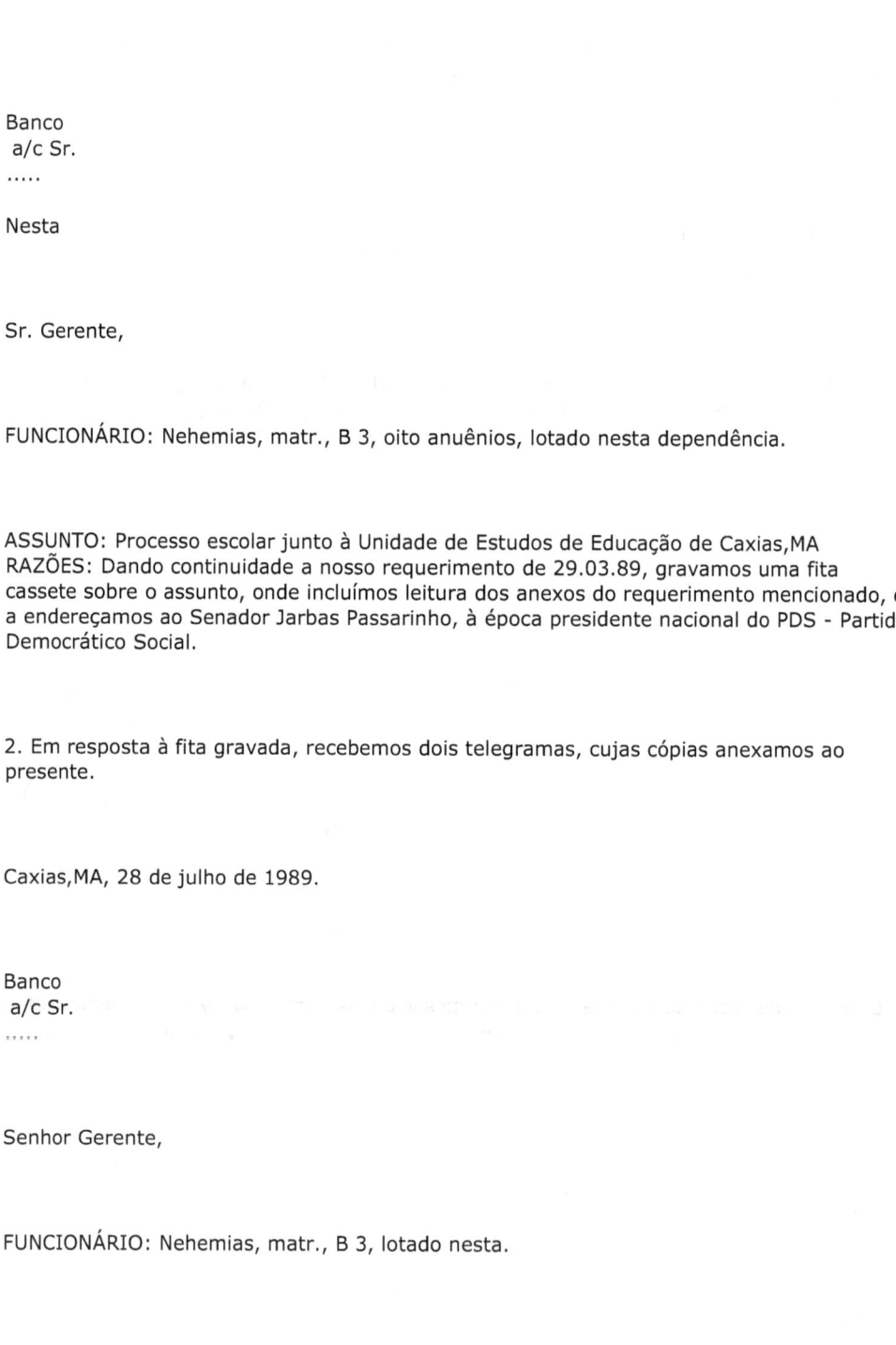

Banco
a/c Sr.
.....

Nesta

Sr. Gerente,

FUNCIONÁRIO: Nehemias, matr., B 3, oito anuênios, lotado nesta dependência.

ASSUNTO: Processo escolar junto à Unidade de Estudos de Educação de Caxias,MA
RAZÕES: Dando continuidade a nosso requerimento de 29.03.89, gravamos uma fita cassete sobre o assunto, onde incluímos leitura dos anexos do requerimento mencionado, e a endereçamos ao Senador Jarbas Passarinho, à época presidente nacional do PDS - Partido Democrático Social.

2. Em resposta à fita gravada, recebemos dois telegramas, cujas cópias anexamos ao presente.

Caxias,MA, 28 de julho de 1989.

Banco
a/c Sr.
.....

Senhor Gerente,

FUNCIONÁRIO: Nehemias, matr., B 3, lotado nesta.

ASSUNTO: Excesso conta de depósitos cheque-ouro limite NCz$200,00 XXXX A.

RAZÕES: Referindo-me à cobrança telefônica dessa agência em que me pediu contatar meu genitor quanto a excesso de NCz$ 95,00 e previsão de débitos de juros de NCz$ 102,00, informo:

2. Após contato pessoal, o cliente solicita que referido excesso seja mantido, com as cominações previstas, até o dia 03.08.89, data prevista para pagamento do pessoal do Ministério do E.

3. Além do contra-cheque de julho/89, na ordem de NCz$ 2.900,00 apresenta saldo poupança de NCz$ 832,00.
4. Sou de opinião que o capital emprestado não corre riscos de liquidação.

Caxias,MA, 03 de agosto de 1989.

Banco

Nesta

Semhor Gerente,

FUNCIONÁRIO: Nehemias, matr., B 3, 8 anuênios, lotado nesta.

ASSUNTO: Recebimento por conta de terceiros - Fundação Victor Civita.

RAZÕES: Nesta data dirigi-me a um dos guichês da bateria para pagamento de assinatura da revista N. Escola, vencimento 31.07.89, edição inicial 89005, edição final 91004, da Fundação Victor Civita, CGC 54.956.206/0001-19, Rua do Curtume, 769 - CEP: 05065 - São Paulo.

2.   O documento foi autenticado devido existência, na via cliente, cuja via original encontra-se anexa a este requerimento, constam na qualidade de Bancos autorizados a receber o Bradesco - Nacional - Banco.

3.   Considerando que dito recebimento foi cancelado, e o motivo alegado foi que a Fundação Victor Civita não consta da Carta-Circular 89/369, de 13.07.89.

4.   Comprovei sua inexistência juntamente à própria instrução, oriunda do Departamento de Organização e Métodos.

5.   Peço à administração desta Agência que encaminhe este requerimento a nossa Direção Geral, para que inclua a Fundação Victor Civita para recebimentos em seu nome, ou que dirija comunicado à citada Fundação, alertando-a do uso indevido do nome Banco em seus carnês.
Caxias,MA, 07 de agosto de 1989.

Banco

Rua .....

Nesta

Sr. Gerente,

FUNCIONÁRIO: Nehemias, matr., B 3, 8 anuênios, lotado nesta.

ASSUNTO: Avaliação do seu Desempenho Funcional.

RAZÕES: Refiro-me à Ficha de Acompanhamento do Desempenho do período maio/89 a maio/90, de 15.05.89.

2. Venho manifestar meu desconhecimento quanto ao teor da observação abaixo:

"Evitar comentários não relacionados ao setor-agência."

3. Desconheço se os comentários citados são sobre pessoas, coisas, fatos sociais, impedindo-me de procurar corrigir eventuais excessos.

Caxias,MA 23 de agosto de 1989.

Banco

Nesta
Senhor Gerente,

FUNCIONÁRIO: Nehemias, matr., B 3, lotado nesta, com oito anuênios.

ASSUNTO: Novo modelo organizacional das agências.

RAZÕES: Referindo-nos às atas das reuniões setoriais do Suporte realizadas nos dias 15.06.89 e 19.07.89, e ao resultado havido na reunião dos comissionados do mês de julho/89, comunicado pelo funcionário Antn em 27.07.89, para informá-lo que efetuamos as ligações abaixo para DEORG/URI/IMPLA-Brasília e DEORG-Funcionário Rmld, sendo sobre assunto novo modelo organizacional, comunicadas ao Gerente no dia do evento e aos colegas na reunião do mês de agosto:

-081-224-9322 - URI-Recife,PE - onde informei-me que a ag. Caxias está subordinada à URI-Brasília;

-061-212-2722 - Funcionário Rmld, que informou que o assunto não está no setor de Subsidiárias, mas na URI;

-061-212-2211 - ramal 2650 - Funcionário Bndt, que informou-me que datas previstas já estavam com o Sr. Edmr, nosso Gerente.

Caxias,MA, 24 de agosto de 1989.

Banco

Nesta

Senhor Gerente,

FUNCIONÁRIO: Nehemias, matr., B 3, lotado nesta, com oito anuênios.

ASSUNTO: Aparelho de ar condicionado da sala de telex.

RAZÕES: Comunicamos que o aparelho de ar condicionado da sala de telex encontra-se desligado desde 14 de agosto passado devido a exalar cheiro de borracha queimada.

2.   Conforme conversação com sr. Gerente-adjunto GRGR, endossamos a opinião de remover a parede que separa a sala de telex do restante do setor Suporte, por ser menos onerosa, salvo orçamento técnico, do que a instalação e aquisição de aparelho de ar condicionado novo.

3.   Considerando que a temperatura está alta, em relação à sala vizinha, e que a máquina de telex necessita de temperatura compatível com seu calor interno de operação, solicitamos encaminhar o assunto ao DEPIM-Belém,PA em caráter de urgência.

Caxias,MA, 24 de agosto de 1989.

Banco

Caxias - MARANHÃO

Senhor Gerente,

FUNCIONÁRIO: Nehemias, matr., B 3, lotado nesta, com oito anuênios.

ASSUNTO: Ascensão funcional - promoções - anuais - por merecimento.

RAZÕES: Para efeito de promoção por merecimento são considerados como pontos adicionais o exercício de cargos comissionados, ainda que em caráter de substituição.

2.   Tendo em vista o disposto na CIC FUNCI 9-2-2-2, DE 05.08.87, pedimos acolher para exame a sugestão do item 3:

3.   O resultado do semestre - nas agências - de Lucro ou Prejuízo - seja ponderado nas promoções por merecimento.

Caxias,MA, 01 de setembro de 1989.

Banco

Nesta

Sr. Gerente,

FUNCIONÁRIO: Nehemias, matr., B 3, lotado nesta, com oito anuênios.

ASSUNTO: Autorização para transmitir telex abaixo, via ANABB, dirigido à CONTEC, telex nr. 61 4403 ou 61 4945.

RAZÕES: "Dos Funcionários do Banco

Para CONTEC

Informamos resultado nesta agência à pergunta:

É a favor do acordo apresentado pelo Banco?

SIM - 26

NÃO - 4

EM BRANCO - 7

TOTAL DE VOTANTES - 37

VOTAÇÃO NOMINATIVA."

2. Consulta realizada nesta manhã, conforme anexos.

Caxias,MA, 04 de setembro de 1989.

Banco

Nesta

Sr. Gerente,

FUNCIONÁRIO: Nehemias, matr., B 3, lotado nesta, com oito anuênios.

ASSUNTO: Renegociação dos convênios de recebimento de contas de água, luz e telefone.

RAZÕES: Peço incluir a qualidade dos serviços prestados pelo Serviço Autônomo de Água e Esgotos, Companhia Energética do Maranhão, e em especial a Telecomunicações do Maranhão S.A., da qual transcrevo carta CT 110/113/1350/87, 05.10.87, sobre mudança do telefone 521-XXXX, da Rua ..., Quadra ..., Casa ..., Ipem, para a Quadra ..., Rua ..., Casa ..., COHAB, ainda a ser efetivada:

"O Exmo. Sr. Ministro das Comunicações encaminhou cópia do expediente de V. Sa. endereçado ao Deputado Federal Amaral Neto.

Ratificamos as informações prestadas a V. Sa. em carta de 24.03.87. O bairro Nova Caxias está fora da área de tarifação básica e não dispomos de facilidades técnicas para o mesmo."

2.   Tendo em vista a condução deste assunto - renegociação de convênios - é de alçada das centralizadoras, peço que deste requerimento seja cientificada a agência São Luís-Centro,MA.

3.   O enquadramento normativo do assunto está na Carta-Circular nr 89/375, 18.07.89, da Gerência de Produtos Financeiros e Serviços Bancários - GEBAN.

Anexos: Cópia da carta transcrita.

Caxias,MA, 06 de setembro de 1989.

Banco

Nesta

Sr. Gerente,

FUNCIONÁRIO: Nehemias, matr., carreira administrativa, B 3, oito anuênios, lotado nesta.

ASSUNTO: Manutenção - autenticadoras SHARP.

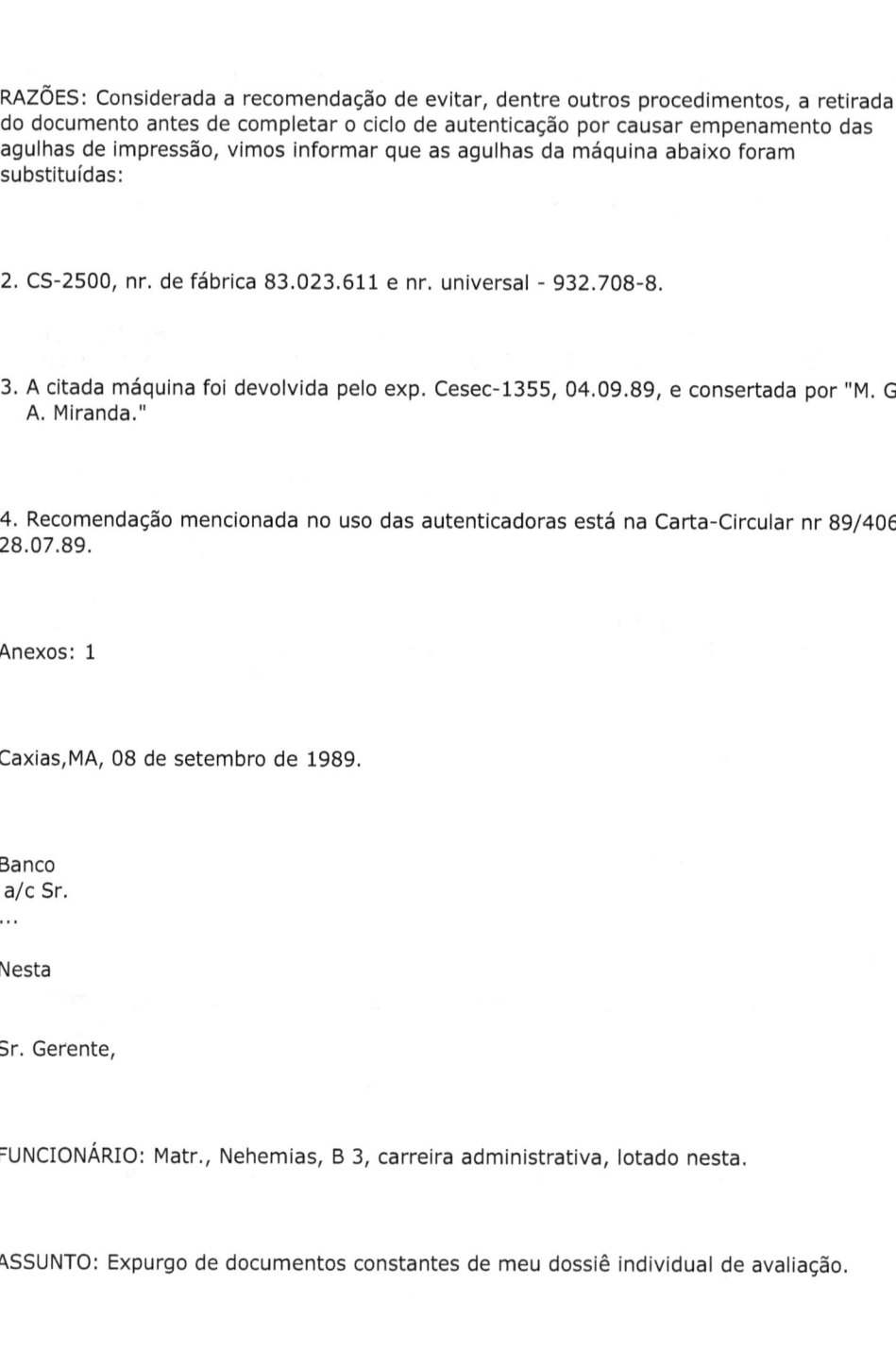

RAZÕES: Considerada a recomendação de evitar, dentre outros procedimentos, a retirada do documento antes de completar o ciclo de autenticação por causar empenamento das agulhas de impressão, vimos informar que as agulhas da máquina abaixo foram substituídas:

2. CS-2500, nr. de fábrica 83.023.611 e nr. universal - 932.708-8.

3. A citada máquina foi devolvida pelo exp. Cesec-1355, 04.09.89, e consertada por "M. G. A. Miranda."

4. Recomendação mencionada no uso das autenticadoras está na Carta-Circular nr 89/406, 28.07.89.

Anexos: 1

Caxias,MA, 08 de setembro de 1989.

Banco
 a/c Sr.
 ...

Nesta

Sr. Gerente,

FUNCIONÁRIO: Matr., Nehemias, B 3, carreira administrativa, lotado nesta.

ASSUNTO: Expurgo de documentos constantes de meu dossiê individual de avaliação.

RAZÕES: A via original do formulário de avaliação, a ficha de acompanhamento de desempenho e cópia de eventual documento sobre discordância são conservados em dossiê individual, pelo prazo de 5 anos, sob guarda reservada da administração.

2.   Considerando que vi em meu dossiê documentos ainda da agência 1065-0 Gilbués,PI, onde fui lotado até o dia 06 de dezembro de 1981, peço a constatação da existência dos documentos expurgáveis, e os expurgue no caso de decidir pela não apuração de responsabilidades por quem deveria cumprir o disposto na CIC FUNCI 8-3-49.

3.   Enquadramento regulamentar é aquele encontrado na CIC FUNCI 8-3-49, e assunto anteriormente abordado no dia 21.06.89.

Caxias,MA, 12 de setembro de 1989.

Banco

Nesta

Sr. Gerente,

FUNCIONÁRIO: Nehemias, matr., B 3, oito anuênios, lotado nesta.

ASSUNTO: Afastamentos abonados.

RAZÕES: Conforme entendimento mantido com nosso chefe imediato ANTN usaremos abonos nos dias 13 e 14 desta semana. Também nos dias 20 e 21 vindouros, para que possamos estar presentes às aulas práticas de Estágio do ensino de 2º grau, marcadas para o 1º ano do segundo grau do Colégio Diocesano São Luiz de Gonzaga, nesta, no horário matutino.

2.   Nossas férias do período aquisitivo abril-88/89 estão marcadas para o mês de outubro. Nossa intenção é de usarmos licença-prêmio, deixando as férias para os meses de janeiro, fevereiro ou março, conforme nossa ausência possa melhor ocorrer quanto aos serviços.

3.   Pretendemos requerer, no dia 25.09.89, a 75 - setenta e cinco dias de licença-prêmio, deixando um saldo de 15 dias, para fruição no período de 09 de outubro a 22 de dezembro de 1989.

Caxias,MA, September 22nd, 1989.

Bank

... Street

Here

Mr. Manager,

EMPLOYEE: Nehemias, matr., B 3, eight years of work, located in this agency.

SUBJECT: Article reply published in the newspaper "THE Impartial", of São Luís, MA.

REASONS: The enclosed article was published in the newspaper "THE Impartial", 19.09.89, Tuesday, in the page 4, under authorship of the Mr. Rangel Cavalcante.

2.   The journalist asks for explanations of as the Bank it hires a quota of the transmissions of the World cup with the Rede Bandeirantes for 5 million dollars, after registration of inferior profit of 50 million new crusaders.

3.   We requested to the Superintendency to request the answer right, heard their consultantships, answering the interpretation suggested by the Mr. Rangel Cavalcante, of bad financial administration.

4.   We asked the administration of this agency the direction of this application to the Superintendência Estadual-São Luís,MA.

Enclosed: 1

Caxias,MA, November 21st, 1989.

Bank

In this city

Mr. Manager,

EMPLOYEE: Nehemias, matr., B 3, working in this agency, under long paid leave.

SUBJECT: Cession to the Electoral Justice.

REASONS: We come to inform that we were to the disposition of the Electoral Justice in the period of November 15 on November twenty current. In consequence six days of our long paid leave were not used.

2. We enclosed original circular nr. 04/89, 20.11.89, of his honor Electoral Judge the 4a. Area, about employee's devolution our bank house.

Enclosed: 1 original road

Caxias,MA, February 15, 1990.

Bank

Caxias,MA

Mr. Manager,

EMPLOYEE: Nehemias, matr., B 4, 9 years of work, working in this agency.
SUBJECT: Removal for juridical nucleus - Caxias,MA, prefix 9040-9.

REASONS: We informed you that we are competing to the removal in the effective position for the dependence 9040-9 Juridical Nucleus of Caxias,MA, through the model 0.30.012-8, in this date.

Caxias, MA, junho de 1990.

Banco

Núcleo de Serviços Jurídicos

Caxias, MA

Sr. Supervisor,

FUNCIONÁRIO: Nehemias, matrícula ....., carreira administrativa, lotado na agência Caxias, cedido ao Núcleo de Serviços Jurídicos - Caxias, removido em despacho do Departamento de Controle de Pessoal, em 08/03/90, sem desligamento até __/__/__.

ASSUNTO: Apresentação de razões para discordância total na Avaliação de Desempenho Funcional do período MAIO/89 a MAIO/90.

RAZÕES PARA DISCORDÂNCIA TOTAL:

1 - Inteirar-se dos serviços da PREMI lendo a CIC PREMI e instruções pertinentes.

Somos de opinião de que se deveria procurar a venda da sacaria de juta, mesmo colocando-a em leilões da CFP noutras bolsas de mercadorias, se impraticável a venda no Estado;

2 - Atualizar saldos devedores de operações da rural.

Somos de opinião que a ausência do comando de alteração de encargos financeiros no mês de outubro/89 contribuiu para que não dispuséssemos, de pronto através da leitura dos slips, valor aproximado das dívidas dos mutuários;

Mr. Manager,

EMPLOYEE: Nehemias, matr., B 3, working in this agency, under long paid leave.

SUBJECT: Cession to the Electoral Justice.

REASONS: We come to inform that we were to the disposition of the Electoral Justice in the period of November 15 on November twenty current. In consequence six days of our long paid leave were not used.

2. We enclosed original circular nr. 04/89, 20.11.89, of his honor Electoral Judge the 4a. Area, about employee's devolution our bank house.

Enclosed: 1 original road

Caxias,MA, February 15, 1990.

Bank

Caxias,MA

Mr. Manager,

EMPLOYEE: Nehemias, matr., B 4, 9 years of work, working in this agency.
SUBJECT: Removal for juridical nucleus - Caxias,MA, prefix 9040-9.

REASONS: We informed you that we are competing to the removal in the effective position for the dependence 9040-9 Juridical Nucleus of Caxias,MA, through the model 0.30.012-8, in this date.

Caxias, MA, junho de 1990.

Banco

Núcleo de Serviços Jurídicos

Caxias, MA

Sr. Supervisor,

FUNCIONÁRIO: Nehemias, matrícula ....., carreira administrativa, lotado na agência Caxias, cedido ao Núcleo de Serviços Jurídicos - Caxias, removido em despacho do Departamento de Controle de Pessoal, em 08/03/90, sem desligamento até __/__/__.

ASSUNTO: Apresentação de razões para discordância total na Avaliação de Desempenho Funcional do período MAIO/89 a MAIO/90.

RAZÕES PARA DISCORDÂNCIA TOTAL:

1 - Inteirar-se dos serviços da PREMI lendo a CIC PREMI e instruções pertinentes.

Somos de opinião de que se deveria procurar a venda da sacaria de juta, mesmo colocando-a em leilões da CFP noutras bolsas de mercadorias, se impraticável a venda no Estado;

2 - Atualizar saldos devedores de operações da rural.

Somos de opinião que a ausência do comando de alteração de encargos financeiros no mês de outubro/89 contribuiu para que não dispuséssemos, de pronto através da leitura dos slips, valor aproximado das dívidas dos mutuários;

3 - Conhecimento dos serviços do Escai e depuração de relatórios.

Somos de opinião que houve atraso acentuado na cobrança de parcela de PROAGRO devida no vencimento das operações por existir ainda em janeiro/90, para operações vencidas em setembro/89, de mensagem "parcela de proagro vencida";

4 - Cobrança aos clientes inadimplentes.

Efetuamos cobrança domiciliar, onde não cobramos folgas ou quilometragem, para clientes com saldos irregulares há mais de trinta dias, nomeadamente 12.xxx-x Js. Nvld. Rdrgs., cobrado dia 12.02.90, às 17:50h, e 14.xxx-x Trsnh. Alvs. da Slv., cobrada dia 10.02.90;

5 - Controle D/C operações da CREGE e PREMI.

Não nos foi possível identificar origem de todos os saldos constantes no DEB 793, posição dezembro/89;

Temos opinião de que as operações classificadas sob código 63 - incobráveis, nos relatórios do sistema Programa de Regularização de Créditos teriam que ser contabilizados em "créditos em liquidação" no mês seguinte ao da ocorrência "63";

6 - Ausência da Ficha de Acompanhamento do período maio/89 a outubro/89;

7 - Entrega da Ficha de Acompanhamento do período dezembro/89 a maio/90 ao Núcleo Jurídico no dia 23.05.90, trinta e cinco dias após nossa posse, ocorrida em abril/90;

8 - Mesmo que a instrução de que a avaliação seria efetivada no setor onde mais tempo o funcionário esteve durante o período avaliativo não mais esteja em vigor, conforme informado pelo Avaliador, a FAC não veio ao setor atual pelo menos durante a primeira semana de novo setor, senão a oito dias do término do período avaliativo maio/89 a maio/90;

9 - Os setores das agências têm mesmo prefixo da agência a que pertencem, esclarecendo que o prefixo 0xxx-x Caxias é diferente de 1040-5 Nujur-Caxias, conforme Almanaque de Pessoal, recém-chegado;

10 - A remoção deve ser precedida da formalização da Avaliação de Desempenho Funcional;

11 - Removido por despacho de 08.03.90 sem desligamento até 15.06.90.

From a tape recorder.

First Semester, 1991.

My name is Nehemias. You spell it n, e, h, e, m, i, a, s.

I am graduated in Mathematics through Maranhão State University on 25th. January 1991.

I work in the Law Nucleous in Caxias, Maranhão, prefix 9040-9.

Matriculation in the Bank is ....

In the DEB report on Monday 8th., there is news Bank looks for Managers who know any foreign language for use where it is needed.

Although I am just a runner for Managing the following agencies in State of Maranhão, I woud like to tell I would want you know I can speak English. I am holder of Cambridge First Certificate in English 52.42.110.13.

Agencies I have sent my name for being one of managers: Caxias, Coroatá, Codó, Santa Inês, Lima Campos, Santa Luzia, Buriticupu.

I would like to know you could make changes in rules in order people who did not have chance to be manager would have it.

For example, I would want to do test for internal controller, but it obliged people had been managers.

Even now, when Bank needs people who can speak, write, read and listen to foreign languages, Bank looks for its Managers.

Managers remain in their positions for above ten years and just for this many candidates for managering may be only candidates for their lives.

I reach the end praying for your personal attention in two points:

1)   Give chance for people be managers. If there are not places, establish rules as nobody can remain in same managerial position over 5 years.

2)   When Bank needs to select for internal controller, managers, instead to state candidates must have managerial experience, state candidates without managerial experience are accepted.

Waiting for your reply.

Enter content here

Enter content here

Enter content here

Enter supporting content here

Home | Doenças profissionais. Art. 24. Lei Complementar 073. (MA). | UEMA Maranhão
State University | Processo GDR - Caxias 487/99 | Teacher | Agenda | Agenda 1 | Negritude
e poder na Língua Árabe | Negritude e poder na Língua Chinesa | Negritude e poder na
Língua Coreana | Negritude e poder na Língua Espanhola | Negritude e poder na Língua
Hebraica | Negritude e poder na Língua Holandesa | Negritude e poder na Língua Italiana |
Negritude e poder na Língua Japonesa | Negritude e poder na Língua Pérsica | Negritude e
poder na Língua Polonesa | Negritude e poder na Língua Russa | Negritude e poder na
Língua Turca | Negritude e poder na Língua Ucraniana | Negritude e poder na Língua Alemã.
| Negritude e Poder em Francês. Noirceur et pouvoir. | Blackness and Power 2nd. edition |
Words to visitor | Immediate Use Troops | Kipling | Song 2 | Ekaterina Polushina |
November 2002 | Medical Ethics | Medical Expertise | Contact Me | Lawyer | Revenge
Target: Pinochet | Perfil militar | Gilberto Freyre | National Shame | The fury of roman
legions | Good and Evil Together | Negritude | Blackness and Power 7 | Blackness and
Power 6 | Blackness and Power 5 | Blackness and Power 4 | Blackness and Power 3 |
Blackness and Power 2 | Blackness and Power 1 | Partners, alert! | The third State | Tiranny
| Moment of decision | The message of Ibirapuera | Globalization=Corruption | Operation
"Itororó" | National crusade | Electoral Transformism | Argos e as faces | 09/20/88 Deputies
Chamber | 1991 - Telegram Deputies Chamber | 06/26/92 Deputies Chamber | Proposta
03704 | Proposta 03707 | Proposta 03597 | Proposta 03226 | Proposta 03382 | Proposta
03389 | Proposta 03554 | 02/27/87 Senate | 04/03/89 Senate | Before December 1992 |
Review Lessons | Old Home Page | Lições que ficaram | Política bancária | Propostas sobre
política bancária | Fantasy | Military Song | Proposal # 03389 | Central Bank | Qualidade
Total - Total Quality | Interpelações administrativas - Administrative interpellations. |
Grande Oriente do Brasil - Great East of Brasil | Secretaria de Educação Municipal - General
office of Municipal Education | Justiça do Trabalho - Justice of the Work | Razões do agravo
de petição - Reasons of the petition offence | Essay Page | Requerimentos - Applications |
01/07/1985 | 08/06/1984 | Translations from "Requerimentos" | Translations 1 | Federal
savings bank | Proposta 03845 | Proposta 03829 | Proposta 03828 | He alerts the youths!

Web Log On Line Diary Nehemias

Translations from "Requerimentos"

Enter subhead content here

Caxias, MA, August 06, 1984.

Bank

Street.....

In this
Mister Manager,

EMPLOYEE: Matr., Nehemias, Administrative Career, B 2.

SUBJECT: He makes report concerning the alterations made for guard of the documents microfilmed by Cesec, in the period from 29.06 to 01.08.84.

REASONS: Assisting to the verbal request of the Management-attached, I examined, in the Manual of High Mecanização DEB - 05, the destination extolled for box's documents, copies of releases extracaixa, lots of several operations, successes of releases, after his microfilmagem.

I verified that the used nomenclature, in the extent of our agency, for papers microfilmados, "pulp", is not in the respective manual.

The grating, that you hide the documents sent to Cesec, they should be enclosed to the respective documents, when we will have grating hiding extracaixa copies, grating with box documents, records of lot of several operations, grating with documents of successes of releases, and box's documents should be conditioned in plastic involucres and filed in you Guard-value it, in cardboard boxes different from the extracaixa documents, as it can be examined in the own model of the existent boxes in that place.

I verified, still, that the "pastes for grating" are substituting the norm that prescribes that the grating should be enclosed to the documents the one that refer.

The inventoried observations didn't obtain good hearing close to Title, that, to me, she disagreed of its validity, in the morning of 02.08.84. In the occasion, I spoke to her that my opinion is that the made changes have normative backrest, and that she should dialogue with the Administration of this agency to see how the situation would be of there for future.

When ending, I request you that eventual requests of explanations on the subject DEB are made in the effective normative form, in writing.

Caxias, MA, 07.01.85

Bank

Street.....

In this

Mister Manager,

EMPLOYEE: Matr., Nehemias, B 3, Effective Position.

SUBJECT: Your interpellation of 03.01.85.

In attention to the item 4-3-1-the one of the Manual DEB argued that the making of the lot records and the completion of the grating-control of box's documents is made in the subsetor "Retag", in this agency, and the subsetor "Cedoc" just puts the spreadsheet that addresses them to Cesec MGC/MICRO. The other documents there mentioned are made in "Cedoc".

In attention to Manual DEB'S item 4-3-2-3, we argued that it happens the noncompliance of the routines 4-3-2-1 and 4-3-2-3 of the mentioned doc. of service, tends in view that "Cedoc" already receives the records of lot of box's documents numbered, hidden by the respective ones level-control, acting as dispatcher, in the systematic now adopted in the ag., exempting the faithful execution of Manual DEB'S item 4-3-2-3, because of the inobservance of the items referred in the beginning of this paragraph.

This position, we informed you that the documents in subject were brought from the 2nd. to walk up to the ground floor, where it is located "Cedoc" for the effective position Alcds. We informed that referred documents, to the time in that I substituted the commission of

"Cedoc", it always arrived in the neighborhood of the schedule-limit for exit of the electronic pouch - 18:05 h.

I Became aware of the mistake in the remittance after 20:00 h of 14.11.84 through supervisor's Grç phone call. Immediately I went to this bank agency, where I already met Supervisor Mt. and Supervisor Grç. For 21:00 h the documents were found by Mt. and later it was made a phone call to the Boss of the Supervisors of Cesec Teresina R. I also spoke to R., being combined that the agency would book box's of 14.11.84 movement manually in the listing deb 744, for 16.11.84. After my exit of the agency, I went to the residence of Manager-attached Glr., not finding her there.

In the afternoon of 15.11.84, I made phone call to Cesec Teresina, through residential telephone, where I exposed the occurrence, in connection of 19 minutes, to Inspector Hl. The same got in touch with R., that called me. I received an authorization of Manager-attached Glr., in the Episcopal Palace, to receive the report deb 744 mentioned, as of rest I received it through R., in Teresina, according to Accounts rendered, of 16.11.84. The first idea was of booking box's movement in the own night of 15.11.84.

The days 13.11 and 14.11.84 were of pick as to messages for special road (telex). The endowment of the subsetor "Cedoc" belonged to 1 supervision assistant, 1 effective position for remittance of documents to Cesec, and 2 effective positions for the telex services, and that of schedule from 12:00 to 18:00h gives in the schedule from 12:00 at 13:00h o'clock in "Sediv". Daily. The subsetor, through the commissioner, sends and it receives pouches of the compensation, electronic, Timon, Aldeias Altas, Matões.

The information above limits to the period in that I substituted the commission, without any relationship with eventual problem-situation by chance there is in that subsetor now ("Cedoc").

I inform to be located three years ago in the subsetor "Cotes" and that in this period never carried out functions of effective position in the subsetor "Cedoc" for six hours daily rates.

In our conception, we eulogized the initiative of that administration, for the which I nurture unilateral esteem, in forming the process, tends in view that the high financial value to debit and credit of the bill box that, if added, they reach the order of four hundred million cruises, that was able to, in the case of misleading of the papers, to constitute crime of public action, being susceptible to official report to the police. However, we detached the extemporaneousness of the interpellation received in 04.01.85, tends in view that the event happened in 14.11.84. Such fact contradicts the "maxim velocity" foreseen in "CIC FUNCI" 6-3-4.

I continue receptive to other pertinent inquiries the good transport of the services of our Bank in general, and of our agency in matter.

Caxias, MA, October 04, 1985.

Bank
Street.....

In this

Mr. Manager,

EMPLOYEE: Registration., Nehemias, B 3, located in this.

SUBJECT: He requests cancellation of the monthly discount made in his Payroll in the budget 600 - AABB starting from the month of November 1985.

REASONS: Referred discount reaches the strip of Cr $29.000; There are more than six months he didn't use the dependences of the Association.

In these terms,

He asks for grant.

Visa: AABB Caxias,MA

Js. of Slv. Rdgs.

Administrative vice-president

Caxias (MA, October 13, 1987.

Bank

In this

Mister Manager,

EMPLOYEE: Registration, Nehemias, 09-23, Administrative Career, located in this.

SUBJECT: Cancellation of interests made calculations on debit balance of Cz $7.948,88 in the 11, 12, October 13, 1987.

REASONS: His contract of check-gold was won on October 10, 1987. On October 09, 1987 it already met with its authorized renewal for the limit of Cz $15.000,00.

Caxias (MA), December 14, 1987.

Bank

Caxias - MARANHÃO

Mr. Manager,

EMPLOYEE: Registration, Nehemias, 09-23, Administrative Career, located in this dependence.

SUBJECT: Conversion difference in cash of vacations and payment-regular attendance

REASONS: According to report FAL 737, position in 31.10.87, acquired a new year in job on 12.10.87. The vacations 86/87 were initiate on the 13.10.87.

Caxias, MA, January 05, 1988.

Bank

Caxias (MA)

Mr. Manager,

EMPLOYEE: Registration, Nehemias, Administrative Career, 09-23, located in this dependence.

SUBJECT: Credit of 3 hour-extra of advantages of vacations, period April of 1986 to August of 1986.

REASONS: He alleges not to have received credit of the hour-extra ones.

Enclosed: 1

Caxias (MA), 15.01.88

Bank

Caxias MA

Mr. Manager,

EMPLOYEE: Registration, Nehemias, 09-23, Administrative Career, located in this.

SUBJECT: Request of reconsideration of the glosses of the receipts 19585, of 31.10.87, 18497, of 23.09.87, 18305, of 22.11.87, emitted by José Tadeu Assunção, C.G.C. 06080949/0001-25, of this square.

REASONS: In contact maintained with the proprietor of the drugstore, it informed me that several blocks are used daily. That can happen that one of the blocks of larger numbering finishes before the block immediately previous, in function of the sales accomplished by the clerks.

I declare that the medication was acquired in the dates there marked.

Reconsideration presented in the terms of the instruction 11-15, I Document nr. 2, of the General Regulation of Aid.

Enclosed: 7

Caxias (MA), 11.03.88

Bank

In this

Mr. Manager,

EMPLOYEE: Nehemias, Registration, Administrative Career, 09-23, located in this.

SUBJECT: Reception of bill of the Energy Company of Maranhão - CEMAR.

REASONS: Respective light bills went paid in this agency:

Expiration dates payment nr. authentication

16.06.87 17.06.87 053-RCQ787

07.02.88 24.02.88 096-RCF617

2. Cemar alleges not to have received the bills:

Expiration Value

16.06.87 86,31

07.02.88 280,80

tx. relig. 21,99

fines 0,00

389,10

3. For the mentioned reasons, that they involve our agency, for the transfer of receptions of Cemar, and his employee, that had the electric power supply cut 10.03.88, it is that I take to the knowledge of that administration.

Enclosed: Copies of the bills pay.

Caxias (MA), 10.08.88

Bank

In this

Mr. Manager,

EMPLOYEE: Registration, Nehemias, B-3, located in this.

SUBJECT: He requests that it is acquired in his name close to XXDTVM nominative ordinary stocks of the Bank, totaling Cz $20.000,00 included commissions of the XX-DTVM.

Caxias (MA), August 12, 1988.

Bank

Caxias (MA)

Mr. Manager,

EMPLOYEE: Registration, Nehemias, Administrative Career, B-3, located in this dependence.

SUBJECT: Credit of 3 hour-extra of advantages of vacations, results of the sums of the hour-extra of the period acquisitive April of 1986 to April of 1987, worked of April of 1986 to August of 1986, divided by 13.

REASONS: He alleges not to have received credit of the hour-extra ones.

2. Having requested in 05.01.88, he still ignores result of the request.

3. Normative to regulate it is Letter-circular of December of 1986.

4. The application returned by the Cesec-Teresina (PI) on 11.08.88 was sent to that Center on 05.01.88.

Caxias (MA), August 29, 1988.

Bank

Department of Control of the Personnel

Division of Removals, Comissionings and Promotions

Brasília - DF

Mister Boss,

EMPLOYEE: Registration, Nehemias, effective position B-3, 7 years of working, located in Caxias (MA).

SUBJECT: Request of payment of the absences. To count since 29.08.88.

REASONS: I am candidate to Alderman's position for Social Democratic Party - P.D.S. - to the elections of November 15, 1988, in the form of the sentence of the Honourable Mr. Doctor Electoral Judge of the 4th. Area of the District of Caxias (MA).

2. Under the exposed, and of conformity with the article 25 of the Law nr. 7.664, of June 29, 1988, and with instructions of CIC FUNCI 4-3-9-14, I come to ask you to grant me license to compete to Alderman's municipal elective position.

Enclosed: 1 certificate (original)

Caxias (MA), September 05, 1988.

Bank

Caxias (MA)

Mr. Manager,

EMPLOYEE: Registration, Nehemias, Administrative Career, B-3, located in this dependence.

SUBJECT: File 1826-4, 30.08.88, from Cesec-Teresina (PI) about my advantages of vacations.

REASONS: Becoming aware in this dates from the text of the mentioned file and I unknown the inexistence of the hour-extra ones relative to the period of October 1986 to September of 1987.

2. With the experience of almost 5 years of position effective person in charge of the services of the functionalism I am of opinion, susceptible of change to the presentation of another distinguished opinion, that the advantages of vacations have as referencial the acquisitive period. In our case, the period is April 1986 to April of 1987.

3. I ignore the link between the referred calculation to its fruition.

4. With reference to the item 2 of the file from Cesec-Teresina (PI), I ratified that to 2nd. copy of the application of 05.01.88 is with protocol and initials of reception of the agency.

5. In case it persists the interpretation of the inexistence of the advantages of vacations, I ask that the subject is submitted to the superior instance.

Caxias (MA), November 22, 1988.

Bank

Caxias - MARANHÃO

Mister Manager,

EMPLOYEE: Registration, Nehemias, B 3, Administrative Career, located in this.

SUBJECT: Nominative ordinary stocks of the Bank.

REASONS: In addition to the applications previous, more telex of 21.11.88 from the agency Rio of Janeiro-Centro RJ, I request the acquisition of 200 - two hundred - nominative ordinary stocks of the Bank.

Caxias (MA), March 16, 1989.

Bank

Department of Control of the Personnel

Division of Positions, Remuneration and Norms

Mister Boss,

EMPLOYEE: Registration, Nehemias, B 3, located in Caxias-MA, in condition of vacations.

SUBJECT: Revision of the select values as 16 extraordinary hours of advantages of vacations according to enclosed application copy.

REASONS: Plus than the financial value it justifies this application due to the divergence of interpretation of the calculation, which the interpretation was not accepted obtained from Cesec-Teresina (PI) for the agency Caxias (MA).

2. I plead that the value of the hour-extra 16 should be made

calculations: 1/180 times 1,50 (VP + AN) times 16 =

0,008333 times (VP + AN) times 16 = NCz $64,48.

3. This application is driven to this Leadership and reason is in the vacations of the period April 1986/1987 my complaint happened as for to hour-extra - three hours that I decided then to give up its value and of the interpretation as for its loss.

Caxias (MA), March 29, 1989.

Bank

Mister Manager......

In this

EMPLOYEE: Registration, Nehemias, B 3, located in this, in vacations.

SUBJECT: My school process at the Education Unit Studies in Caxias (MA).

REASONS: With the purpose of informing this agency on school process in UEEC, where we found damage as for the conclusion of the Course Short Degree in Natural Sciences, whose popularization extrapolated the Brazilian borders, through University of the exterior - Fairfax University, New Orleans - besides remittance of dollars, that we sought total due uselessness of solving the impasse in all of the accessible national education levels.

2. We enclosed documentation mentioned above on item, to informative title, exempting full and totally of eventual factionalism on behalf of our cause of part of the Bank.

Caxias,(MA), March 29, 1989.

Bank

Mister Manager...

In this

EMPLOYEE: Registration, Nehemias, B 3, located in this, in vacations.

SUBJECT: Complaint that we did to the Boss of DESED.

REASONS: Tends in our view displeasure for eventually have helped to create a climate of indisposition close to our Organ of personnel's formation, I ask that it directs the official report of the General office Peculiar of the Presidency of the Republic enclosure, that it treats SEAP N. 309836-2, 05.11.87, to DESED.

2.   In this opportunity we apologized for we have left that such complaint had arrived to your knowledge after the General Direction.

3.   Besides the striped reasons in that document, that they impelled me to question our Boss of DESED - Sérgio de Abreu Mautoni, for the embarrassment in that I felt, the communication now done, in the other two done applications, on school process at the f Education Studies Unit in Caxias, and the another on application in the interest of the service, they seek the best perception of the impelled reasons of the referred act of questioning.

Caxias (MA), March 29, 1989.

Bank

Mister Manager...

In this

EMPLOYEE: Registration Nehemias, B 3, located in this, in vacations.

SUBJECT: Removal in the interest of the service.

REASONS: In the sense of retribution attempt the all has received as good from the Bank, it would feel honoured if I was able to, starting from abril/90, to work one year in agency of the Bank in the state of Maranhão, under judgement of SUPERINTENDENCY-MA, insured the return to this dependence of Caxias (MA), to be one year, with possibility of repeating the offer in other opportunities.

Caxias (MA), March 31, 1989.

Bank

Caxias MA

Mr. Manager,

EMPLOYEE: Registration Nehemias, B3, located in this, in vacations up to 31.03.89.

SUBJECT: Addition in the interest of the service.

REASONS: Although we have requested removal in the interest of the service starting from abril/90, we explained that, in the case of the administration, acted by Sr Edmr, to find necessary our services here, we will feel honoured with this conclusion, accepting here to stay.

2.   Thinking about other employees that can need starting from abril/90 of a close permanence near Teresina (PI) for legitimate reasons, as the one of health, or

3.   Thinking some agency of the interior from the state of Maranhão, there including High Villages, that can need starting from abril/90 of a temporary reinforcement in its personel board;

4.   We put ourselves to the disposition for addition in the interest of the service, with the financial expenditure exclusively for displacement and lodging, these values paid for the Bank to the favored ones.

5.   We understood normal period of addition in the interest of the service as 90 (ninety) days.

Caxias (MA), April 05, 1989.

Bank

Ag. in Caxias (MA)

Mr. Manager,

I declare, for the due ends, to be of my interest and for convenience of the service, to exercise my functions of employee of this Bank in fractional schedule, as it sets down CIC FUNCI 4.1.4, and in the following way:

From the 07:30 to the 11:00 hs

From the 12:30 to the 15:00 hs

Caxias,MA, September 04, 1989.

Bank

In this

Mr. Manager,

EMPLOYEE: Nehemias, matr., B 3, located in this, with eight years on service.

SUBJECT: Renegotiation of the agreements of reception of bills of water, electricity and telephone.

REASONS: I ask for to include the quality of the services rendered by the Autonomous Service of Water and Sewers, Energy Company of Maranhão, and especially to Telecommunications of Maranhão S.A., of which I transcribe letter CT 110/113/1350/87, 05.10.87, on change of the telephone 521-XXXX, of Street..., Square..., House..., Ipem, for Square..., Street..., House..., COHAB (New Caxias), still to be executed:

"His Excellency Mr. Minister of the Communications directed copy of your file addressed to the Federal Deputy Amaral Neto.

We ratified the information rendered you in letter of 24.03.87. The neighborhood New Caxias is out of the area of basic clearance and we don't have technical means for the same."

2.   Tends in view the transport of this subject - renegotiation of agreements - it is of competence of the centralizing ones, I ask that of this application the agency is informed Saint Luís-Centro,MA.

3.   The normative framing of the subject is in the Letter-circular nr 89/375, 18.07.89, of the Management of Financial Products and Bank Services - GEBAN.

Enclosed: Copy of the transcribed letter.

Caxias, MA, June of 1990.

Bank

Nucleus of Juridical Services

Caxias, MA

Mr. Supervisor,

EMPLOYEE: Nehemias, registration....., administrative career, full in the agency Caxias, given in to the Nucleus of Juridical Services - Caxias, removed in ruling of the Department of Control of Personnel, in 08/03/90, without transference movement even __/__/__.

SUBJECT: Presentation of reasons for total disagreement in the Evaluation of Functional Acting of the period MAY/89 MAY/90.

REASONS FOR TOTAL DISAGREEMENT:

1 - to complete of the services of the PREMI reading CIC PREMI and pertinent instructions.

We are of opinion that she should seek the sale of the it would take out of jute, same putting it in auctions of CFP in other commodities markets, if impracticable the sale in the State;

2 - to update debit balances of operations of the rural.

We are of opinion that the absence of the command of alteration of financial responsibilities in the month of October/89 contributed so that we didn't dispose, of ready through the reading of the slips, approximate value of the debts of the unitholders;

3 - knowledge of the services of Escai and purification of reports.

We are of opinion that there was delay accentuated in the collection of portion of due PROAGRO in the expiration of the operations for existing still in January/90, for due operations in September/89, of message "portion of due proagro";

4 - collection to the at fault customers.

We made home collection, where we didn't collect rests or number of kilometers travelled, for customers with irregular balances there is more than thirty days, namely 12.xxx-x Js. Nvld. Rdrgs., collected 12.02.90, at 17:50h o'clock, and 14.xxx-x Trsnh. Alvs. of Slv., collected 10.02.90;

5 - it controls D/C operations of CREGE and PREMI.

It was not us possible to identify origin of all of the constant balances in DEB 793, position December/89;

We have opinion that the operations classified under code 63 - irrecoverable, in the reports of the system Program of Regularization of Credits they would have to be counted in "credits in clearance sale" the following month to the of the occurrence" 63";

6 - absence of the Record of Attendance of the period May/89 the

October/89;

7 - she gives the May/90 of the Record of Attendance of the period December/89 to the Juridical Nucleus on the 23.05.90, thirty five days after our ownership, happened in April/90;

8 - same that the instruction that the evaluation would be executed in the section where more time the employee was during the period of evaluation no more it is in force, as informed for the Appraiser, FAC it didn't come to the current section at least during the first week again section, except to eight days of the end of the period of evaluation May/89 the May/90;

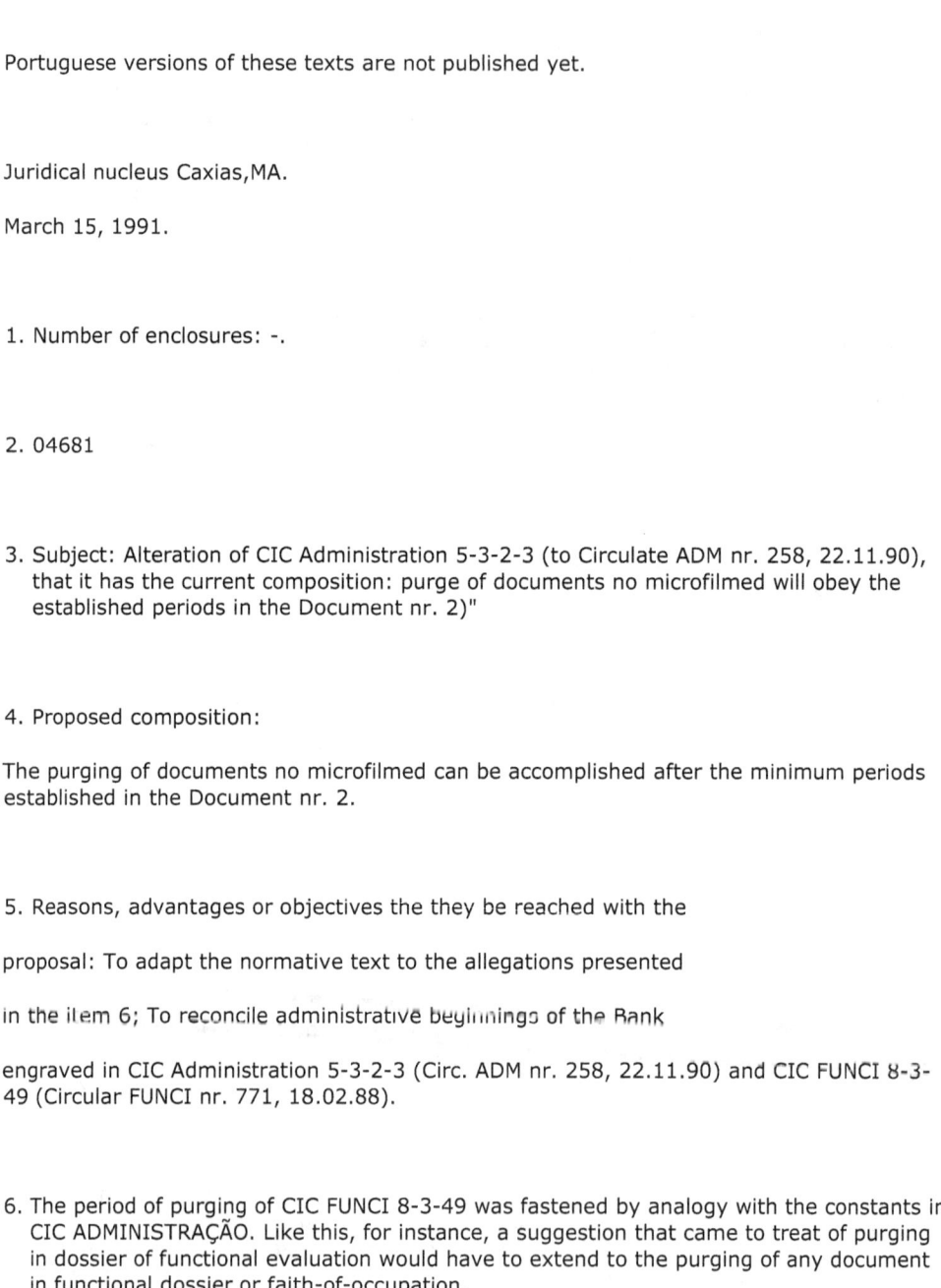

Portuguese versions of these texts are not published yet.

Juridical nucleus Caxias,MA.

March 15, 1991.

1. Number of enclosures: -.

2. 04681

3. Subject: Alteration of CIC Administration 5-3-2-3 (to Circulate ADM nr. 258, 22.11.90), that it has the current composition: purge of documents no microfilmed will obey the established periods in the Document nr. 2)"

4. Proposed composition:

The purging of documents no microfilmed can be accomplished after the minimum periods established in the Document nr. 2.

5. Reasons, advantages or objectives the they be reached with the

proposal: To adapt the normative text to the allegations presented

in the item 6; To reconcile administrative beginnings of the Bank

engraved in CIC Administration 5-3-2-3 (Circ. ADM nr. 258, 22.11.90) and CIC FUNCI 8-3-49 (Circular FUNCI nr. 771, 18.02.88).

6. The period of purging of CIC FUNCI 8-3-49 was fastened by analogy with the constants in CIC ADMINISTRAÇÃO. Like this, for instance, a suggestion that came to treat of purging in dossier of functional evaluation would have to extend to the purging of any document in functional dossier or faith-of-occupation.

The periods of purging of CIC ADMINISTRAÇÃO seek to avoid the accumulation of great volumes of documents. They have, therefore, a value predominantly indicative.

Like this, there is not a chance as if it demands of the administration of a dependence or organ that it eliminates documents whose conservation she judges relevant. In the reality, CIC ADMINISTRATION'S constant periods and, for analogy, of CIC FUNCI 8-3-49 represent the minimum time for the conservation of the mentioned documents, elapsed which the dependence can purge them. It is not treated, therefore, of maximum period, after whose course should be disabled the documents.

Subsidies:

Suggestions nrs. 03226 and 03902.

Caxias (Me), 22 of July of 1992.

Regional Legal Assessorship - São Luís - Maranhão

Mr.. Dr. ...

ADMINISTRATIVE REORGANIZATION - Replacement of Employee - Before the verbal sentence of the worthy Supervisor of this Core, in the terms of whom if master it was of the Legal Core of the Bank in Caxias would place me out from it, I come to submit its experienced consideration, and excessively adjective qualifying that it put you as the Head of this Legal Unit of the State of the Maranhão, my

suggestion to hear which the preliminary ratios that they had lead the appraised lawyer, Colleague of Banking profession, to engrave terrible thesis. In the chance I reiterate the epigraph, supplicating that it stirs up

the deflagration to it of the administrative reorganization,

new drawing of jurisdiction of the Cores, revealing my interest in remaining in the rows of the Legal Job, still that in another provincial city, if, heard the alluded ratios, that have motivated repeated rebukes ahead even though of third to the Bank, they are enough so that its proven discernment for the wide time that you are Lawyer of the Bank in this State, it authorizes the certainty of

that here my permanence in this Unit is inadequate to the jobs.

Nehemias.

Effective rank of the administrative career.

Enter content here

Enter content here

Enter content here

Enter supporting content here

Home | Doenças profissionais. Art. 24. Lei Complementar 073. (MA). | UEMA Maranhão State University | Processo GDR - Caxias 487/99 | Teacher | Agenda | Agenda 1 | Negritude e poder na Língua Árabe | Negritude e poder na Língua Chinesa | Negritude e poder na Língua Coreana | Negritude e poder na Língua Espanhola | Negritude e poder na Língua Hebraica | Negritude e poder na Língua Holandesa | Negritude e poder na Língua Italiana | Negritude e poder na Língua Japonesa | Negritude e poder na Língua Pérsica | Negritude e poder na Língua Polonesa | Negritude e poder na Língua Russa | Negritude e poder na Língua Turca | Negritude e poder na Língua Ucraniana | Negritude e poder na Língua Alemã. | Negritude e Poder em Francês. Noirceur et pouvoir. | Blackness and Power 2nd. edition | Words to visitor | Immediate Use Troops | Kipling | Song 2 | Ekaterina Polushina | November 2002 | Medical Ethics | Medical Expertise | Contact Me | Lawyer | Revenge Target: Pinochet | Perfil militar | Gilberto Freyre | National Shame | The fury of roman legions | Good and Evil Together | Negritude | Blackness and Power 7 | Blackness and

Power 6 | Blackness and Power 5 | Blackness and Power 4 | Blackness and Power 3 | Blackness and Power 2 | Blackness and Power 1 | Partners, alert! | The third State | Tiranny | Moment of decision | The message of Ibirapuera | Globalization=Corruption | Operation "Itororó" | National crusade | Electoral Transformism | Argos e as faces | 09/20/88 Deputies Chamber | 1991 - Telegram Deputies Chamber | 06/26/92 Deputies Chamber | Proposta 03704 | Proposta 03707 | Proposta 03597 | Proposta 03226 | Proposta 03382 | Proposta 03389 | Proposta 03554 | 02/27/87 Senate | 04/03/89 Senate | Before December 1992 | Review Lessons | Old Home Page | Lições que ficaram | Política bancária | Propostas sobre política bancária | Fantasy | Military Song | Proposal # 03389 | Central Bank | Qualidade Total - Total Quality | Interpelações administrativas - Administrative interpellations. | Grande Oriente do Brasil - Great East of Brasil | Secretaria de Educação Municipal - General office of Municipal Education | Justiça do Trabalho - Justice of the Work | Razões do agravo de petição - Reasons of the petition offence | Essay Page | Requerimentos - Applications | 01/07/1985 | 08/06/1984 | Translations from "Requerimentos" | Translations 1 | Federal savings bank | Proposta 03845 | Proposta 03829 | Proposta 03828 | He alerts the youths!

Web Log On Line Diary Nehemias

Translations 1

Enter subhead content here

Caxias (MA), 02.05.89

Telegram

89821 Y MASL

89722 Z MACX
02/1055

CXS00002 0205 1040

Erc Frtd - Bank

Av. Pedro II, 78 Center

They are Luís/MA

Our idea is punishments should limit to the commissioners owed their functional authority and position trust. Effective position should not suffer punishment warning even his degree responsibility/remuneration daily work. Besides effective position still depends approval contest exercise commissioned functions, implicating that nor that he wants effective position agency normality services cannot return. Text this message informed Edmr.

89722 Z MACX

89821 Y MASL

Caxias (MA), May 30, 1989.

Bank

In this

Mister Manager,

EMPLOYEE: Registration, Nehemias, B 3, Administrative Career, located in this dependence.

SUBJECT: Request of information on accounting releases of origin outside cash made in his bill of deposits.

REASONS: I didn't receive copies or warning from customer of the releases, or information for other means.

2. The releases consist of enclosed extract, dated on 29.05.89

Date. Dates of bal. Report. Document. Value.

220589 190589 Movement of day. 09910 0. 291,00 C

260589. Movement of day. 05010 0. 291,00 D

Enclosed: Page 1 DEB 724, 29.05.89

Caxias (MA), June 21, 1989.

Bank

Care of Mr.....

In this

Mister Manager,

EMPLOYEE: Registration, Nehemias, B 3, administrative career, located in this.

SUBJECT: Purging of constant documents in my individual dossier of evaluation.

REASONS: The original page of the evaluation form, the record of attendance of the acting and copy of eventual document on disagreement are conserved in individual dossier, for the period of 5 years, under reserved guard of the administration.

2. Considering that I saw in my dossier attendance record still from the agency Gilbués, (PI), where I worked until December 06, 1981, I ask that you verify existence of the documents to be purged, and purge them.
3. Framing to regulate it is that found in CIC FUNCI 8-3-49.

Caxias (MA), July 07, 1989.

Bank

Care of Mr. .....

Mister Manager,

EMPLOYEE: Registration Nehemias, Administrative Career, eight years on service, B 3, located in this dependence.

SUBJECT: Suggestion relative transfer of retired people credits from IAPAS.

REASONS: The remuneration of the retired ones has been trying process of increase of their purchasing power. However it can be affirmed that discounting of the value of paying back of expenses of communications, now NCz$ 2,90 make some lack. For instance, the kilogram of solid meat costs NCz$ 6,00.

2.   The own expense of NCz$ 2,90 maybe is not enough to cover transmission expenses by phone, without we add personnel's expenses, in liquidated them through outside cash movement.

3.   We suggested that the Organ is consulted entrusted of the emission of the reports "FCC", whether these reports could be sent to agencies no implanted in "analytical" DEB so that the agencies corresponded to debit of the agency Central-Brasília, DF, according to the case.

4.   As a temporary solution, while awaiting answer of the consultation, our agency could begin three credit warnings to the agencies of Brejo (MA); São Domingos do Maranhão (MA); Colinas (MA), using the enclosures 1, 2 and 3, that go with to the present application. Caxias (MA), July 14, 1989.

Bank

Care of.....

In this

Mister Manager,

EMPLOYEE: Nehemias, Registration, Administrative Career, B 3, eight years on service, located in this dependence.

SUBJECT: Premature payment intra-leaf of the existent balance in the budget 535 Salary received before the pay day to be restored in 10 months, that it was of NCz$ 291,00, in the june/89 mirror and the discount of NCz$ 48,50.

REASONS: So that the margin - 30% reaches NCz$ 122,02, making possible me to plead loan type 024 - NCz$ 2.000,00 - initial installments without correction - NCz$ 118,28.

Caxias (MA), July 18, 1989.

Bank

Under the care of the Mr. .....

In this

Mr. Manager,

EMPLOYEE: Nehemias, Registration, B 3, eight years on service, located in this dependence.
SUBJECT: School process close to the Unit of Studies of Education in

Caxias (MA).

REASONS: Giving continuity to our application on 29.03.89, we recorded na audio cassette on the subject, where we included reading of the enclosures of the mentioned application, and we addressed it to Senator Jarbas Passarinho, to the time national president of "PDS" - Social Democratic Party.

2. In response to the recorded audio cassete, we received two telegrams, whose copies enclosed to the present.

Caxias (MA), July 28, 1989.

Bank

Under the care of the Mr. .....

Mister Manager,

EMPLOYEE: Nehemias, Registration, B 3, located in this.

SUBJECT: Excess bill of deposits check-gold with limit of NCz$200,00 Account # XXXX. Client A..

REASONS: Referring to the phone collection of that agency in that it asked for me to contact my father as for excess of NCz$ 95,00 and forecast of debits of interests of NCz$ 102,00, I inform:

2. After personal contact, the customer requests that referred excess is maintained, with the foreseen cominações, until the 03.08.89, date foreseen for the personnel's of the Ministry of E. payment

3. Besides the payroll of July of 1989, in the order of NCz$ 2.900,00 present balance saving of NCz$ 832,00.

4. I am of opinion that the borrowed capital doesn't take risk of being not paid off.

Caxias (MA), August 03, 1989.

Bank

In this

Mister Manager,

EMPLOYEE: Nehemias, Registration, B 3, 8 years on service, located in this.

SUBJECT: Reception due to third - Victor Civita Foundation.

REASONS: In this date I went to one of the windows of the battery for payment of signature of the magazine New School, expiration 31.07.89, initial edition 89005, final edition 91004, of the Victor Civita Foundation, CGC 54.956.206/0001-19, Street of the Tanning, 769 - ZIP CODE: 05065 - São Paulo.

2.   The document was authenticated due existence, in the customer copy, whose original it encloses to this application, they consist in the quality of authorized Banks to receive Bradesco - National the Bank.

3.   Considering that said reception was canceled, and the alleged reason was that the Victor Civita Foundation is not listed in the Letter-circular 89/369, on 13.07.89.

4.   I proved its inexistence together to the own instruction, originating from of the Department of Organization and Methods.

5.   I ask the administration of this Agency that directs this application our General Direction, so that it includes the Victor Civita Foundation for receptions in her name, or that it drives official report to mentioned Foundation, alerting her of the improper use of the name Bank in their payment books.

Caxias (MA), August 07, 1989.

Bank

Street.....

In this

Mr. Manager,

EMPLOYEE: Nehemias, Registration, B 3, 8 years on service, located in this.

SUBJECT: Evaluation of his Functional Acting.

REASONS· I refer to the Record of Attendance of the Acting from the period may/89 to may/90, on 15.05.89,

2. I come to manifest my ignorance as for the text of the observation

below:

To "avoid comments no related to the section-agency. "

3. I ignore whether the mentioned comments are on people, things, social facts, impeding me of trying to correct eventual excesses.

Caxias (MA), August 23, 1989.

Bank

In this

Mister Manager,

EMPLOYEE: Nehemias, Registration, B 3, located in this, with eight years on service.

SUBJECT: New organizational model of the agencies.

REASONS: Referring to the minutes of the sectorial meetings of the Support accomplished on 15.06.89 and 19.07.89, and to the result had in the commissioners' of the month of July of 1989, meeting communicated by employee Antn on 27.07.89, to inform you that we made the pnone calls below to DEORG/URI/IMPLA-Brasília and DEORG-employee Rmld, being on subject new organizational model, communicated to the Manager in the day of the event and to the friends in the meeting of the month of August:

-081-224-9322 - URI-Recife,PE - where we found out that the ag. Caxias is subordinated to

URI-Brasília;

-061-212-2722 - employee Rmld, that informed that the subject is not in the section

of Subsidiaries, but in URI;

-061-212-2211 - extension 2650 - Employee Bndt, that informed me that foreseen dates were already with the Mr. Edmr, our Manager.

Caxias (MA), August 24, 1989.

Bank

In this

Mister Manager,

EMPLOYEE: Nehemias, Registration, B 3, located in this, with eight years on service.

SUBJECT: Apparel of conditioned air of the telex room.

REASONS: We communicated that the apparel of conditioned air of the telex room is turned off since 14th of this August due to exhaling smell of burned eraser.

2.   According to conversation with Mr. Manager-associate GRGR, endorsed the opinion of removing the wall that separates the room of telex of the remaining of the section Supports, for being less onerous, except for technical budget, that the installation and acquisition of new apparel of air conditioned.

3.   Considering that the temperature is high, in relation to the neighboring room, and that the telex machine needs compatible temperature with its internal heat of operation, we requested to direct the subject to DEPIM (Engineering Department)-Belém (PA) in urgency character.

Caxias (MA), August 24, 1989.

Bank

Caxias - MARANHÃO

Mister Manager,

EMPLOYEE: Nehemias, Registration, B 3, located in this, with eight years on service.

SUBJECT: Functional ascension - promotions - annual - for desert.

REASONS: For promotion effect for desert are considered about additional points the exercise of commissioned positions, although in substitution character.

2.   Tends in view the determination in CIC FUNCI 9-2-2-2, 05.08.87, I asked to welcome for exam the suggestion of the item 3:

3.   The result of the semester - in the agencies - of Profit or Damage - it is considered in the promotions by desert.

Caxias (MA), September 01, 1989.

Bank

In this

Mr. Manager,

EMPLOYEE: Nehemias, Registration, B 3, located in this, with eight years on service.

SUBJECT: Authorization to transmit telex below, through ANABB, driven CONTEC, telex # 61 4403 or 61 4945.

REASONS: "Of the Employees of the Bank

For CONTEC

We informed result in this agency to the question:

Is it in favor of the agreement presented by the Bank?

YES - 26
NO - 4

IN WHITE - 7

TOTAL OF VOTERS - 37

NOMINATIVE VOTING."

2. Consultation accomplished on this morning, according to enclosures.

Caxias (MA), September 06, 1989.

Bank

In this

Mr. Manager,

EMPLOYEE: Nehemias, Registration, administrative career, B 3, eight years on service, located in this.

SUBJECT: Maintenance SHARP machines used to validate cash transactions.

REASONS: Considered the recommendation of avoiding, among other procedures, the retreat of the document before completing the authentication cycle for causing bending of the impression needles, we come to inform that the needles of the machine below were substituted:

2. CS-2500, factory # 83.023.611 and universal # 932.708-8.

3. Mentioned machine was returned by the document Cesec-1355, 04.09.89, and repaired by "M. G. A. Miranda."

4. Recommendation mentioned in the use of the cash transactions machines is in the Letter-circular # 89/406, 28.07.89.

Enclosed: 1

Caxias (MA), September 08, 1989.

Bank

Under the care of Mr. ...

In this

Mr. Manager,

EMPLOYEE: Registration, Nehemias, B 3, administrative career, located in this.

SUBJECT: Purging of constant documents of my individual dossier of evaluation.

REASONS: The original sheet of the evaluation form, the record of acting attendance and copy of eventual document on disagreement are conserved in individual dossier, for the period of 5 years, under reserved guard of the administration.

2.   Considering that I saw in my dossier documents still of the agency 1065-0 Gilbués (PI), where I was located until December 06, 1981, I ask for the verification of the existence of the documents in conditions of being purged, and purge them in the case of deciding for the not counting of responsibilities for who should accomplish the determination in CIC FUNCI 8-3-49.

3.   Framing to regulate it is that found in CIC FUNCI 8-3-49, and on 21.06.89 I had made an application about same subject.

Caxias (MA), September 12, 1989.

Bank

In this

Mr. Manager,

EMPLOYEE: Nehemias, Registration, B 3, eight years on service, located in this.

SUBJECT: Approved removals.

REASONS: As understanding maintained with our immediate boss ANTN we will use approved removals on 13 and 14 of this week. Also on the days 20 and 21 coming, so that we can be present to the practical classes of Apprenticeship of the teaching of 2nd. degree, marked for the 1st. year of the second degree of the School Diocesano São Luiz of Gonzaga, in this, in the morning schedule.

2.   Our vacations of the period acquisitive April 88/89 they are marked for the month of October. Our intention is of we use premium license, leaving the vacations for the months of January, February or March, as our absence better can happen as for the services.

3.   We intended to request, on the 25.09.89, to 75 - seventy five days of premium license, leaving a balance of 15 days, for fruition in the period October 09 to December 22, 1989.

Enter content here

Enter content here

Enter content here

Enter supporting content here

Home | Doenças profissionais. Art. 24. Lei Complementar 073. (MA). | UEMA Maranhão State University | Processo GDR - Caxias 487/99 | Teacher | Agenda | Agenda 1 | Negritude e poder na Língua Árabe | Negritude e poder na Língua Chinesa | Negritude e poder na Língua Coreana | Negritude e poder na Língua Espanhola | Negritude e poder na Língua Hebraica | Negritude e poder na Língua Holandesa | Negritude e poder na Língua Italiana | Negritude e poder na Língua Japonesa | Negritude e poder na Língua Pérsica | Negritude e poder na Língua Polonesa | Negritude e poder na Língua Russa | Negritude e poder na Língua Turca | Negritude e poder na Língua Ucraniana | Negritude e poder na Língua Alemã. | Negritude e Poder em Francês. Noirceur et pouvoir. | Blackness and Power 2nd. edition | Words to visitor | Immediate Use Troops | Kipling | Song 2 | Ekaterina Polushina | November 2002 | Medical Ethics | Medical Expertise | Contact Me | Lawyer | Revenge Target: Pinochet | Perfil militar | Gilberto Freyre | National Shame | The fury of roman legions | Good and Evil Together | Negritude | Blackness and Power 7 | Blackness and Power 6 | Blackness and Power 5 | Blackness and Power 4 | Blackness and Power 3 |

Blackness and Power 2 | Blackness and Power 1 | Partners, alert! | The third State | Tiranny | Moment of decision | The message of Ibirapuera | Globalization=Corruption | Operation "Itororó" | National crusade | Electoral Transformism | Argos e as faces | 09/20/88 Deputies Chamber | 1991 - Telegram Deputies Chamber | 06/26/92 Deputies Chamber | Proposta 03704 | Proposta 03707 | Proposta 03597 | Proposta 03226 | Proposta 03382 | Proposta 03389 | Proposta 03554 | 02/27/87 Senate | 04/03/89 Senate | Before December 1992 | Review Lessons | Old Home Page | Lições que ficaram | Política bancária | Propostas sobre política bancária | Fantasy | Military Song | Proposal # 03389 | Central Bank | Qualidade Total - Total Quality | Interpelações administrativas - Administrative interpellations. | Grande Oriente do Brasil - Great East of Brasil | Secretaria de Educação Municipal - General office of Municipal Education | Justiça do Trabalho - Justice of the Work | Razões do agravo de petição - Reasons of the petition offence | Essay Page | Requerimentos - Applications | 01/07/1985 | 08/06/1984 | Translations from "Requerimentos" | Translations 1 | Federal savings bank | Proposta 03845 | Proposta 03829 | Proposta 03828 | He alerts the youths!

Web Log On Line Diary Nehemias

Interpelações administrativas - Administrative interpellations.

Do então empregador.

Caxias, MA, 03 de janeiro de 1985.

Sr. Funcionário

Nehemias Carneiro (Mat. 7.349.390-2)

Nesta

Prezado Senhor,

Irregularidades em serviços - Em cumprimento ao disposto na CIC FUNCI 6-3-"e", e a fim de apurar responsabilidades, solicitamos seus esclarecimentos, no prazo máximo de 05 dias a partir desta data, sobre a falha na remessa ao CESEC dos documentos do CAIXA de 14.11.84, considerando o contido no MANUAL DE ALTA MECANIZAÇÃO DEB 5-4-3-1 e 5-4-3-2-3.

2. Cumpre-nos informar-lhe que, em decorrência do erro aqui tratado, o Banco contabilizou uma despesa de Cr$ 108.600.

José Carmello Carvalho Silva - Gerente

Hermano Linhares de Araújo - Gerente-adjunto

Caxias, MA, 25 de julho de 1991

7.349.390-2 Nehemias Carneiro

Funci

Confidencial

CIC FUNCI - Normas de Conduta - Referimo-nos ao seu requerimento datado de 10.05.91, encaminhado ao DEASP, para informá-lo de que a sua alegação não encontra amparo regulamentar, ferindo frontalmente a CIC CAPTA 13.90.4.3.4.23.

2. De outro lado, alertamos a V. Sa. de que a ocorrências da espécie deverão ser trazidas ao conhecimento desta Administração, sendo que a repetição de tal fato será examinada sob o aspecto disciplinar, na forma da CIC FUNCI 7.

Nivaldo Alves Nunes - Gerente geral

José Medeiros Sobrinho - Gerente de atendimento

Caxias, MA, January 03, 1985.

Mr. Employee

Nehemias Carneiro (Mat. 7.349.390-2)

In this

Dear Sir,

Irregularities in services - In execution to the determination in CIC FUNCI 6-3 - "E", and in order to clean responsibilities, we requested your explanations, in the maximum period of 05 days starting from this date, on the flaw in the remittance to CESEC of BOX'S of 14.11.84, documents considering it contained in the MANUAL OF HIGH MECHANIZATION DEB 5-4-3-1 and 5-4-3-2-3.

2. We accomplishe to find out you that, due to the mistake here treaty, the Bank counted an expense of Cr $108.600.

José Carmello Carvalho Silva - Manager

Hermano Linhares of Araújo - Manager-attached

NATIONAL ASSOCIATION OF THE EMPLOYEES OF THE BANK OF BRAZIL

Ref.: ANABB - 693

Brasília (DF), December 21, 1988.

To

Bank

Department of Formation of the Personnel - DESED

Brasília - FEDERAL DISTRICT

Mr. Boss,

Employees - Selection Intern - For turning on subject of the competence of that Organ, we directed you, it encloses, copy of the document that drove us our associate employee of that Bank in the Agency of Caxias (MA), Mr. Nehemias.

2. We explained that the Mr. Nehemias questioned us on the subject in phone contact, when we requested that it put to term his doubts or complaints.

Enclosed: 01

Copy to the Mr. Nehemias

José Flávio Ventrice Berçott

President

Terms mentioned are written on that page

Caxias, MA, July 25, 1991

7.349.390-2 Nehemias Carneiro

Funci

Confidential

CIC FUNCI - Norms of Conduct - we Referred to yout dated application of 10.05.91, directed to DEASP, to inform you that your allegation doesn't find help to regulate, hurting frontly to CIC CAPTA 13.90.4.3.4.23.

2. On another side, we alerted you that to occurrences of the species they should be brought to the knowledge of this Administration, and the repetition of such fact will be examined under the aspect to discipline, in the form of CIC FUNCI 7.

Nivaldo Alves Nunes - general Manager

José Medeiros Sobrinho - service Manager

Enter content here

Enter content here

Enter content here

Enter supporting content here

Home | Doenças profissionais. Art. 24. Lei Complementar 073. (MA). | UEMA Maranhão State University | Processo GDR - Caxias 487/99 | Teacher | Agenda | Agenda 1 | Negritude e poder na Língua Árabe | Negritude e poder na Língua Chinesa | Negritude e poder na Língua Coreana | Negritude e poder na Língua Espanhola | Negritude e poder na Língua Hebraica | Negritude e poder na Língua Holandesa | Negritude e poder na Língua Italiana | Negritude e poder na Língua Japonesa | Negritude e poder na Língua Pérsica | Negritude e poder na Língua Polonesa | Negritude e poder na Língua Russa | Negritude e poder na Língua Turca | Negritude e poder na Língua Ucraniana | Negritude e poder na Língua Alemã. | Negritude e Poder em Francês. Noirceur et pouvoir. | Blackness and Power 2nd. edition | Words to visitor | Immediate Use Troops | Kipling | Song 2 | Ekaterina Polushina | November 2002 | Medical Ethics | Medical Expertise | Contact Me | Lawyer | Revenge Target: Pinochet | Perfil militar | Gilberto Freyre | National Shame | The fury of roman legions | Good and Evil Together | Negritude | Blackness and Power 7 | Blackness and Power 6 | Blackness and Power 5 | Blackness and Power 4 | Blackness and Power 3 | Blackness and Power 2 | Blackness and Power 1 | Partners, alert! | The third State | Tiranny | Moment of decision | The message of Ibirapuera | Globalization=Corruption | Operation "Itororó" | National crusade | Electoral Transformism | Argos e as faces | 09/20/88 Deputies Chamber | 1991 - Telegram Deputies Chamber | 06/26/92 Deputies Chamber | Proposta 03704 | Proposta 03707 | Proposta 03597 | Proposta 03226 | Proposta 03382 | Proposta 03389 | Proposta 03554 | 02/27/87 Senate | 04/03/89 Senate | Before December 1992 | Review Lessons | Old Home Page | Lições que ficaram | Política bancária | Propostas sobre política bancária | Fantasy | Military Song | Proposal # 03389 | Central Bank | Qualidade Total - Total Quality | Interpelações administrativas - Administrative interpellations. | Grande Oriente do Brasil - Great East of Brasil | Secretaria de Educação Municipal - General office of Municipal Education | Justiça do Trabalho - Justice of the Work | Razões do agravo de petição - Reasons of the petition offence | Essay Page | Requerimentos - Applications | 01/07/1985 | 08/06/1984 | Translations from "Requerimentos" | Translations 1 | Federal savings bank | Proposta 03845 | Proposta 03829 | Proposta 03028 | He alerts the youths!

Web Log On Line Diary Nehemias

Qualidade Total - Total Quality

Cadastro de colaboradores na área de qualidade.

Brasília, DF, 16.09.92

A/C Nehemias

Prezado Colega,

Manifestamos nossa satisfação em saber de mais um funcionário, como você, que se interessa pelo assunto da Qualidade Total e deseja participar no processo de permanente melhoria do Banco.

2.   Nesta primeira fase de inscrições, foi bem grande a adesão e, para nosso contentamento, há uma boa parte de funcionários com formação e experiência na área (item 1.5 da Carta-Circular). Afinal, a Qualidade Total passou a representar, nos dias de hoje, o caminho visível para a sobrevivência das empresas e essa consciência já se faz sentir em todos os níveis do Banco.

3.   Tendo em vista que o processo está apenas iniciando, foram selecionados aqueles que podem, de imediato, contribuir na implementação do Plano de Qualidade Total e nas ações dele decorrentes. Entretanto, como o trabalho será ampliado em muitas frentes, consideramos a possibilidade de contar com seu apoio mais no futuro. Para tanto, sugerimos que você capitalize seu interesse através de leituras, cursos, experiência e o acompanhamento da implementação do Plano no Banco podendo, dessa forma, capacitar-se para um desempenho mais efetivo.

4.   Como o Plano de Qualidade Total constitui-se num processo de longo prazo, você pode preservar sua intenção e voltar a se inscrever como colaborador da DITEC/QUALI a qualquer momento.

Diretoria de Recursos Tecnológicos e Materiais

Divisão de Controle de Qualidade

Biatriz Sonia de Oliveira

Gerente de OSM, em exercício.

Total quality

register of collaborators in the quality area.

Brasília, DF, 16.09.92

Care of Nehemias

Respected Friend,

We manifested our satisfaction in knowing of one more employee, like you, that he is interested in the subject of the Total Quality and he wants to participate in the process of permanent improvement of the Bank.

2.   In this first phase of registrations, it was very big the adhesion and, for our joy, there is a good part of employees with formation and experience in the area (item 1.5 of the
Letter-circular). After all, the Total Quality started to act, in the days today, the visible road for the survival of the companies and that conscience already she makes to feel in all of the levels of the Bank.

3.   Tends in view that the process is just beginning, they were selected those that can, immediately, to contribute in the implementation of the Plan of Total Quality and in the actions of him current. However, as the work will be enlarged in a lot of fronts, we considered the possibility to count with your more support in the future. For so much, we suggested that you capitalize your interest through readings, courses, experience and the attendance of the implementation of the Plan in the Bank being able to, in that way, to qualify for a more effective acting.

4   As the Plan of Total Quality is constituted in a process of long period, you can preserve your intention and return the enroll as collaborator of DITEC/QUALI at any moment.

Management of Technological and Material Resources

Division of Quality control

Biatriz Sônia of Oliveira

Manager of OSM, in exercise.

Enter content here

Enter content here

Enter content here

Enter supporting content here

Home | Doenças profissionais. Art. 24. Lei Complementar 073. (MA). | UEMA Maranhão State University | Processo GDR - Caxias 487/99 | Teacher | Agenda | Agenda 1 | Negritude e poder na Língua Árabe | Negritude e poder na Língua Chinesa | Negritude e poder na Língua Coreana | Negritude e poder na Língua Espanhola | Negritude e poder na Língua Hebraica | Negritude e poder na Língua Holandesa | Negritude e poder na Língua Italiana | Negritude e poder na Língua Japonesa | Negritude e poder na Língua Pérsica | Negritude e poder na Língua Polonesa | Negritude e poder na Língua Russa | Negritude e poder na Língua Turca | Negritude e poder na Língua Ucraniana | Negritude e poder na Língua Alemã. | Negritude e Poder em Francês. Noirceur et pouvoir. | Blackness and Power 2nd. edition | Words to visitor | Immediate Use Troops | Kipling | Song 2 | Ekaterina Polushina | November 2002 | Medical Ethics | Medical Expertise | Contact Me | Lawyer | Revenge Target: Pinochet | Perfil militar | Gilberto Freyre | National Shame | The fury of roman legions | Good and Evil Together | Negritude | Blackness and Power 7 | Blackness and Power 6 | Blackness and Power 5 | Blackness and Power 4 | Blackness and Power 3 | Blackness and Power 2 | Blackness and Power 1 | Partners, alert! | The third State | Tiranny | Moment of decision | The message of Ibirapuera | Globalization=Corruption | Operation "Itororó" | National crusade | Electoral Transformism | Argos e as faces | 09/20/88 Deputies Chamber | 1991 - Telegram Deputies Chamber | 06/26/92 Deputies Chamber | Proposta 03704 | Proposta 03707 | Proposta 03597 | Proposta 03226 | Proposta 03382 | Proposta

03389 | Proposta 03554 | 02/27/87 Senate | 04/03/89 Senate | Before December 1992 | Review Lessons | Old Home Page | Lições que ficaram | Política bancária | Propostas sobre política bancária | Fantasy | Military Song | Proposal # 03389 | Central Bank | Qualidade Total - Total Quality | Interpelações administrativas - Administrative interpellations. | Grande Oriente do Brasil - Great East of Brasil | Secretaria de Educação Municipal - General office of Municipal Education | Justiça do Trabalho - Justice of the Work | Razões do agravo de petição - Reasons of the petition offence | Essay Page | Requerimentos - Applications | 01/07/1985 | 08/06/1984 | Translations from "Requerimentos" | Translations 1 | Federal savings bank | Proposta 03845 | Proposta 03829 | Proposta 03828 | He alerts the youths!

Web Log On Line Diary Nehemias

Grande Oriente do Brasil - Great East of Brasil

Augusta e Respeitável Loja Simbólica "Acácia Caxiense", sob auspícios do Grande Oriente do Maranhão.Rua 24 de outubro, 225. Caixa postal 65. Caxias, Maranhão.

Caxias, 25 de maio de 1993.

Ao poderoso irmão Nehemias Carneiro

Nesta cidade.

De ordem do venerável mestre desta oficina, comunico-lhe que a comissão de justiça da loja, atendendo exposição de motivos da tesouraria e da chancelaria, recomendou a instalação de processo de declaração de irregularidade, com fundamento no artigo 53, parágrafo 2 do regulamento geral da federação combinado com o inciso d do artigo 13 da constituição do grande oriente do brasil, por atraso das suas obrigações pecuniárias e falta de frequência, ficando o irmão convidado a comparecer à loja dentro de 30 dias a contar desta data, para regularização da sua situação, caso contrário lhe será expedido o placet ex-oficio com base no artigo 56 do regulamento geral da federação, com a consequente eliminação do quadro desta loja.

fraternalmente

waldir da silva rios

secretário

Caxias, May 25, 1993.

To the powerful brother Nehemias Carneiro

In this city.

Of the venerable master's of this workshop order, I communicate you that the Commission of Justice of the store, assisting exhibition of reasons of the treasury and of the chancellery, it recommended the installation of process of irregularity declaration, with foundation in the article 53, paragraph 2nd. of the General Regulation of the Federation combined with the interruption of the article 13 of the Constitution of the Great East of Brasil, for delay of your financial obligations and frequency lack, being the invited brother to attend the store within 30 days to count of this date, for setting up of your situation, otherwise it will be sent you the placet former-officiate with base in the article 56 of the General Regulation of the Federation, with the consequent elimination from the members board of this store.

Brotherly

Waldir da Silva Rios

Secretary

Enter content here

Enter content here

Enter content here

Enter supporting content here

Home | Doenças profissionais. Art. 24. Lei Complementar 073. (MA). | UEMA Maranhão State University | Processo GDR - Caxias 487/99 | Teacher | Agenda | Agenda 1 | Negritude e poder na Língua Árabe | Negritude e poder na Língua Chinesa | Negritude e poder na Língua Coreana | Negritude e poder na Língua Espanhola | Negritude e poder na Língua Hebraica | Negritude e poder na Língua Holandesa | Negritude e poder na Língua Italiana | Negritude e poder na Língua Japonesa | Negritude e poder na Língua Pérsica | Negritude e poder na Língua Polonesa | Negritude e poder na Língua Russa | Negritude e poder na Língua Turca | Negritude e poder na Língua Ucraniana | Negritude e poder na Língua Alemã. | Negritude e Poder em Francês. Noirceur et pouvoir. | Blackness and Power 2nd. edition | Words to visitor | Immediate Use Troops | Kipling | Song 2 | Ekaterina Polushina | November 2002 | Medical Ethics | Medical Expertise | Contact Me | Lawyer | Revenge Target: Pinochet | Perfil militar | Gilberto Freyre | National Shame | The fury of roman legions | Good and Evil Together | Negritude | Blackness and Power 7 | Blackness and Power 6 | Blackness and Power 5 | Blackness and Power 4 | Blackness and Power 3 | Blackness and Power 2 | Blackness and Power 1 | Partners, alert! | The third State | Tiranny | Moment of decision | The message of Ibirapuera | Globalization=Corruption | Operation "Itororó" | National crusade | Electoral Transformism | Argos e as faces | 09/20/88 Deputies Chamber | 1991 - Telegram Deputies Chamber | 06/26/92 Deputies Chamber | Proposta 03704 | Proposta 03707 | Proposta 03597 | Proposta 03226 | Proposta 03382 | Proposta 03389 | Proposta 03554 | 02/27/87 Senate | 04/03/89 Senate | Before December 1992 | Review Lessons | Old Home Page | Lições que ficaram | Política bancária | Propostas sobre política bancária | Fantasy | Military Song | Proposal # 03389 | Central Bank | Qualidade Total - Total Quality | Interpelações administrativas - Administrative interpellations. | Grande Oriente do Brasil - Great East of Brasil | Secretaria de Educação Municipal - General office of Municipal Education | Justiça do Trabalho - Justice of the Work | Razões do agravo de petição - Reasons of the petition offence | Essay Page | Requerimentos - Applications | 01/07/1985 | 08/06/1984 | Translations from "Requerimentos" | Translations 1 | Federal savings bank | Proposta 03845 | Proposta 03829 | Proposta 03828 | He alerts the youths!

Web Log On Line Diary Nehemias

Secretaria de Educação Municipal - General office of Municipal Education

Protocolos de requerimentos apresentados.

28 de julho de 1994

2126/94: Remoção do Cônego para o Edison Lobão.

28 de julho de 1994

2125/94: Férias de 30 dias a partir de 01 de agosto de 1994.

29 de agosto de 1994

2594/94: Remoção do "Cônego Aderson Guimarães" para o "Débora Pereira".

06 de setembro de 1994

2706/94: Remoção do turno vespertino para o matutino no "Centro de Ensino de Segundo Grau Cônego Aderson Guimarães Júnior".

12 de setembro de 1994

2763/94: Salário-família de dois filhos.

21 de novembro de 1994

3374/94: Providenciar a instalação de computadores.

08 de fevereiro de 1995

0313/95: Solicita incentivo de ensino de segundo grau.

General office of Municipal Education

Protocols of presented applications.

July 28, 1994

2126/94: removal from "Center of Teaching of Second Grade Cônego Aderson Guimarães Júnior." to "Edison Lobão".

July 28, 1994

2125/94: vacations of 30 days starting from August 01, 1994.

August 29, 1994

2594/94: removal from the "Center of Teaching of Second Grau Cônego Aderson Guimarães Júnior." to "Débora Pereira."

September 06, 1994

2706/94: removal of the evening shift for the morning in the "Center of Teaching of Second Grade Cônego Aderson Guimarães Júnior."

September 12, 1994

2763/94: two children's family allowance.

November 21, 1994

3374/94: to provide the installation of computers.

February 08, 1995

0313/95: I request incentive of teaching of second degree.

Enter content here

Enter content here

Enter content here

Enter supporting content here

Home | Doenças profissionais. Art. 24. Lei Complementar 073. (MA). | UEMA Maranhão State University | Processo GDR - Caxias 487/99 | Teacher | Agenda | Agenda 1 | Negritude e poder na Língua Árabe | Negritude e poder na Língua Chinesa | Negritude e poder na Língua Coreana | Negritude e poder na Língua Espanhola | Negritude e poder na Língua Hebraica | Negritude e poder na Língua Holandesa | Negritude e poder na Língua Italiana | Negritude e poder na Língua Japonesa | Negritude e poder na Língua Pérsica | Negritude e poder na Língua Polonesa | Negritude e poder na Língua Russa | Negritude e poder na Língua Turca | Negritude e poder na Língua Ucraniana | Negritude e poder na Língua Alemã. | Negritude e Poder em Francês. Noirceur et pouvoir. | Blackness and Power 2nd. edition | Words to visitor | Immediate Use Troops | Kipling | Song 2 | Ekaterina Polushina | November 2002 | Medical Ethics | Medical Expertise | Contact Me | Lawyer | Revenge Target: Pinochet | Perfil militar | Gilberto Freyre | National Shame | The fury of roman legions | Good and Evil Together | Negritude | Blackness and Power 7 | Blackness and Power 6 | Blackness and Power 5 | Blackness and Power 4 | Blackness and Power 3 | Blackness and Power 2 | Blackness and Power 1 | Partners, alert! | The third State | Tiranny | Moment of decision | The message of Ibirapuera | Globalization=Corruption | Operation "Itororó" | National crusade | Electoral Transformism | Argos e as faces | 09/20/88 Deputies Chamber | 1991 - Telegram Deputies Chamber | 06/26/92 Deputies Chamber | Proposta 03704 | Proposta 03707 | Proposta 03597 | Proposta 03226 | Proposta 03382 | Proposta 03389 | Proposta 03554 | 02/27/87 Senate | 04/03/89 Senate | Before December 1992 | Review Lessons | Old Home Page | Lições que ficaram | Política bancária | Propostas sobre política bancária | Fantasy | Military Song | Proposal # 03389 | Central Bank | Qualidade Total - Total Quality | Interpelações administrativas - Administrative interpellations. | Grande Oriente do Brasil - Great East of Brasil | Secretaria de Educação Municipal - General office of Municipal Education | Justiça do Trabalho - Justice of the Work | Razões do agravo de petição - Reasons of the petition offence | Essay Page | Requerimentos - Applications | 01/07/1985 | 08/06/1984 | Translations from "Requerimentos" | Translations 1 | Federal savings bank | Proposta 03845 | Proposta 03829 | Proposta 03828 | He alerts the youths!

Web Log On Line Diary Nehemias

Justiça do Trabalho - Justice of the Work

1st. document

junta de conciliação e julgamento. distribuição.

reclamante: nehemias carneiro.

reclamado: município de caxias, ma.

número: 166/95.

objeto: gratificação incentivo ao 2. grau.

espécie: escrita.

audiência dia 17.05.95 às 10:20.

2nd. document

Processo 166/95

Notificação nr. 2258/97.

Notifico o reclamante, para contraminutar o Agravo de Petição, querendo.

Prazo legal.

Em 16/09/97

A diretora de secretaria.

3rd. document

Exmo. Sr. Doutor Juiz-Presidente da JCJ de Caxias (Processo 166/95)

Município de Caxias, pessoa jurídica de direito público interno, representado pelo prefeito Ezíquio Barros Filho, brasileiro, casado, médico, residente e domiciliado nesta cidade, por seu advogado (fl. 54), infrafirmado, com escritório na Rua ...., nesta cidade, onde recebe intimações, nos autos da Reclamação Trabalhista formulada por Nehemias Carneiro, não se conformando, data venia, com a respeitável sentença de fls. 104/105, que julgou improcedentes os embargos à execução, da qual foi intimado em 04.09.97 (fl. 106-verso) vem, no prazo legal, contado em dobro (Decreto-lei nr. 779, de 21.08.69, art. 1, inciso III), interpor

Agravo de petição

com fundamento no artigo 897, letra a, da Consolidação das Leis do Trabalho, pelas razões anexas à presente.

Pede o processamento deste recurso e sua remessa ao Egrégio Tribunal Regional do Trabalho, acompanhado das peças de fls. que menciona, para os devidos fins.

A. deferimento.

Caxias, 08 de setembro de 1997.

O advogado.

As razões do Agravo de Petição estão no link "Razões ...".

Razões do agravo de petição - Reasons of the petition offence

4th. document

Notificação nr. 1247/96. Ref. proc. nr. 166/95.

Para ciência da decisão proferida por esta Junta de Conciliação e Julgamento em audiência de um de março de 1996.

Caxias, MA, 13 de junho de 1996.

Diretor de secretaria

5th. document

Ausentes as partes.

Em seguida, a MMa. Juíza Presidente propôs aos Sra. Juízes Classistas a solução da lide e, tendo ambos votado, foi proferida a seguinte decisão:

Nehemias Carneiro, qualificado nos autos ajuizou reclamação contra Município de Caxias/MA alegando que admitido em 12.08.93 na função de Professor, através de concurso público, não recebe desde o mês de setembro/94 não mais foi efetuado pelo ente reclamado o pagamento do Incentivo de 2. grau pago até o mês de agosto/93.

Diz que firmou contrato de trabalho com o reclamado na data de sua admissão e que o Regime Jurídico Único dos Servidores Municipais não foi implantado.

Postula por fim o pagamento do referido Incentivo a partir de setembro/94.

Juntou documentos.

Notificado, defendeu-se o ente público promovido sustentando que o reclamante recebeu até o mês de agosto/94 o incentivo postulado e que a partir de setembro/94 deixou de recebê-lo porque foi removido para uma Escola conveniada.

Designada audiência em prosseguimento o reclamado deixou de comparecer, sendo-lhe aplicada a confissão ficta quanto à matéria fática, conforme E. 74 do C. TST.

Colhido o depoimento do reclamante, encerrando-se a instrução processual.

Rejeitada a primeira proposta de conciliação e prejudicada a última.

Razões finais remissivas pelo autor.

É o relatório.

Fundamentação

Depreende-se do art. 37, II da Carta Magna que a regra no mesmo expressa, é abrangente de investidura em cargo ou emprego público, ao estipular que em qualquer das hipóteses, há dependência de aprovação prévia em concurso público. Aqui não importa se a investidura há de se fazer segundo o vínculo estatutário ou celetista sendo válido para todos os efeitos legais o contrato celebrado mediante a observância do pressuposto constitucional, ou seja, aprovação em concurso público, caso em que não será declarada a nulidade do pacto de trabalho.

"In casu" vislumbra-se que o reclamante efetivamente preencheu o requisito da Norma Maior ao juntar o documento de fl. 3 sem qualquer impugnação da parte contrária sobre o seu conteúdo e validade, prevalecendo portanto como prova eficaz do direito constitutivo do autor.

Por outro lado, o Contrato de Trabalho acostado às fl. 4 dos autos, demonstra a nomeação do demandante por tempo indeterminado, ao mesmo tempo que dispõe sobre a subordinação do contratado ao Regime Jurídico Único dos Servidores Municipais, especificando na cláusula quinta a possibilidade de rescisão de pleno direito na hipótese de infringência de qualquer cláusula pactuada, não assistindo ao contratado direito de reclamar indenização.

Tal cláusula conflita com o disposto na cláusula segunda que, também prevê a rescisão em caso de transgressão das "normas legais" durante o estágio probatório de dois anos.

Ora, analisando-se o contrato em tela, extraímos dubiedade de fonte normativa da relação de trabalho pactuada, pois prevendo o art. 41 da Constituição Federal a estabilidade do servidor público após dois anos de efetivo exercício somente passível de perda do cargo em virtude de sentença judicial transitada em julgado ou mediante processo administrativo, absurdo seria admitir-se a "rescisão contratual de "pleno direito"sem qualquer possibilidade de reclamar indenização proveniente da execução do referido contrato.
Destarte, entendemos que embora existisse um Regime Jurídico Único dos Servidores Municipais (fato negado pelo autor), este, não poderia ofender as regras inseridas na Constituição vigente, como o dispositivo acima mencionado, de modo que, a precariedade do contrato firmado nos faz concluir que a relação jurídica entre as partes rege-se pela legislação consolidada, pois improvada a vigência do citado Regime Jurídico, e caracterizado o contrato acostado como sendo tipicamente de emprego pelos termos de suas cláusulas que ferem a norma constitucional no tocante à previsão de rescisão sumária e a norma celetista em vigor, não podendo o trabalhador/reclamante ficar desamparado pelo Estado

quando da sua não sujeição a qualquer norma disciplinadora da relação de trabalho que mantém aplicando-se em tal caso a Legislação Consolidada.

Isto posto, é empregado o servidor reclamante por não estar sujeito ao regime estatutário mencionado na cláusula quarta co contrato multicitado, inobservando ainda as condições pactuada às normas constitucionais.

Considerando por outro lado a defesa da entidade conforme Ata de fl. 16, extraímos a confissão da mesma no sentido de que o incentivo postulado efetivamente foi suprimido da remuneração ao reclamante, o que ofende o disposto no art. 468 "caput" da CLT e ainda o art. 5., VI da Constituição Federal, diante do que, procede o pedido de pagamento da verba pleiteada a partir do mês de setembro/94, devendo a entidade reclamada fornecer na evolução salarial do reclamante incluindo o valor referente à verba de incentivo postulada, para fins de cálculos de liquidação.

Conclusão

Ex Positis decide a Única Junta de Conciliação e Julgamento de Caxias/MA, julgar procedente esta reclamatória movida por Nehemias Carneiro contra Município de Caxias/MA para condenar o reclamado a pagar ao reclamante as verbas de Incentivo deferida a partir do mês de setembro/94 na forma da fundamentação que passa a integrar esse decisum, devendo a liquidação da sentença observar a modalidade de simples cálculos, com o fornecimento da evolução salarial do reclamante pelo Município demandado, incluída a verba de Incentivo, incidindo juros e correção monetária.

Custas pela reclamada de R$ 10,00 sobre R$ 500,00.

Oficie-se ao INSS.

Sentença sujeita ao duplo grau de jurisdição.

Intimem-se.

Juíza do trabalho - presidente

Juiz classista empregadores

Juiz classista empregados

Chefe de audiências.

6th. document

Contrato de trabalho que entre si celebram a Prefeitura Municipal de Caxias,MA, aqui denominada de contratante e o funcionário, abaixo qualificado, aqui denominado contratado, nas condições e forma a seguir:

A Prefeitura Municipal de Caxias,MA, CGC nr. 06.082.820/0001/56, com sede nesta cidade na Praça do Panteon, nr. 600, centro, neste ato representada pelo Prefeito municipal Dr. ...., denominado de contratante e o Sr. Nehemias, denominado de contratado, natural de ....., nacionalidade brasileira, estado civil ....., residente na ...., portador da Cédula de Identidade nr........, CPF nr ...., onde celebram o presente Contrato de Trabalho, que terá vigência a partir de 02 de agosto de 1993, de acordo com as condições abaixo enumeradas.

Primeira cláusula: Fica o contratado admitido no Quadro dos funcionários da Contratante, para exercer as funções designadas na Portaria anexa, com remuneração na forma da Tabela de Salários vigente.

Segunda cláusula: O presente Contrato terá duração indeterminada, a contar do dia 02 de agosto do ano em curso, podendo ser rescindido, caso haja transgressões as normas legais no período do estágio probatório de dois anos.

Terceira cláusula: A jornada de trabalho do contratado será a prescrita na legislação em vigor.

Quarta cláusula: O contratado fica obrigado a categoria, bem como respeitar o Regime Único dos Servidores Municipais na forma da legislação vigente.

Quinta cláusula: O presente instrumento ficará rescindido de pleno direito, ma hipótese de infringência de quaisquer as cláusulas pactuadas, não assistindo ao contratado o direito de reclamar qualquer indenização por despesas provenientes da sua execução.

Sexta cláusula: Fica eleito o foro da Comarca de Caxias, Estado do Maranhão, para dirimir quaisquer dúvidas oriundas deste Contrato.
E por estarem justo e acordado, lavra-se o presente Contrato em três vias de igual teor e forma para um só efeito na presença das testemunhas arroladas.

Caxias, MA, 12 de agosto de 1993.

Assinam

O contratante

O contratado.

Testemunhas:

Justice of the Work

conciliation committee and judgement. distribution.

complainer: nehemias sheep.

complained: grind municipal district, ma.

number: 166/95.

object: bonus incentive to the 2nd. degree.

species: writing.

audience 17.05.95 at 10:20 o'clock.

2nd. document

Process 166/95

Notification nr. 2258/97.
I notify the complainer, for answering the Offence of Petition, wanting.

Legal period.

In 16/09/97

The general office director.

3rd. document

Your honor Doctor Judge-President of JCJ of Caxias (Process 166/95)

Municipal district of Caxias, legal entity of right internal

public, acted by mayor Ezíquio Barros Filho, Brazilian, married,

doctor, resident and domiciled in this city, for his lawyer

(fl. 54), under signed, with office in the Street............, in

this city, where it receives citations, in the solemnities of the Labor Complaint formulated by Nehemias Carneiro, not conforming to, it dates permission, with the respectable fls sentence. 104/105, that he judged unfounded the seizures to the execution, of which was summoned in 04.09.97 (fl. 106-verse) it comes, in the legal period, counted in double (Law nr. 779, of 21.08.69, art. 1,

interruption III), to interpose petition Offence

with foundation in the article 897, letter the, of the Consolidation of the Laws of the Work, for the enclosed reasons to present.

He asks the Eminent Regional Tribunal of the Work for the processing of this resource and its remittance, accompanied of the fls pieces. that he mentions, for the due ends.

A. grant.

Caxias, September 08, 1997.

The lawyer.

Note: The reasons of the Offence of Petition are in the link "Reasons...."

4th. document

Notification nr. 1247/96. Ref. proc. nr. 166/95.

For science of the decision uttered by this Committee of Conciliation and Judgement in audience of first of March of 1996.

Caxias, MA, June 13, 1996.

General office director

5th. document

There was absent the parts.

Soon afterwards, MMa. Judge Presidente proposed to the Mrs. Judges Classistas the solution of the it works and, tends both voted for, the following decision was uttered: Nehemias Carneiro, qualified in the solemnities it judged complaint against Municipal district of Caxias/MA alleging that admitted in 12.08.93 in Teacher's function, through public contest, it doesn't receive since the month of September/94 no more it was made by the claimed being the payment of the Incentive of 2. degree pays until the month of August/93.

He says that it labor agreement with claimed it in the date of his admission and that the Only Juridical Regime of the Municipal Servants was not implanted.

It postulates the payment of the referred Incentive finally starting from September/94.

He joined documents.

Notified, he defended the promoted public being sustaining that the complainer received until the month of August/94 the incentive postulate and that starting from September/94 stopped receiving it because it was removed for a School with an agreement with Municipal District.

It is inferred of the art. 37, II of the Charter that the rule in the same expressed, it is including of investiture in position or public job, when stipulating that in any of the hypotheses, there is dependence of previous approval in public contest. Here it doesn't care the investiture must do according to the statutory bond or "celetista" being valid for all of the legal effects the contract been celebrated by the observance of the constitutional presupposition, in other words, approval in public contest, case in that the nullity of the work pact won't be declared.

"In casu" is glimpsed that the complainer indeed filled out the requirement of Constitution when joining the fl document. 3 without any defense of the contrary part on his content and validity, prevailing therefore as effective proof of the author's constituent right.

On the other hand, the Labor agreement leaned against to the fl. 4 of the solemnities, it demonstrates the plaintiff's nomination for uncertain time, at the same time that it has about the subordination the contracted to the Only Juridical Regime of the Municipal Servants, specifying in the clause third the possibility of rescission of full right in the breaking hypothesis of any agreed on clause, not attending the contracted right of claiming compensation.

Such clause conflicts with the determination in the second clause that, he also foresees the rescission in case of transgression of the "legal norms" during the two year-old probatory apprenticeship.

Now, being analyzed the contract in screen, we extracted dubiousness from normative source of the work relationship made a pact, therefore foreseeing the art. 41 of the Federal Constitution the stability of the public servant after two years of effective exercise only susceptible to loss of the position because of judicial sentence in having judged or by administrative process, absurdity would be to admit the contractual "rescission of "full right" sem any possibility to claim originating from compensation the execution of the referred contract.

Like this, we understood that although an Only Juridical Regime of the Municipal Servants existed (fact denied by the author), this, it could not offend the rules inserted in the effective Constitution, as the device above mentioned, so that, the precariousness of the contract he makes to end that the juridical relationship among the parts is governed by the consolidated legislation, therefore not validated the validity of the mentioned Juridical Regime, and characterized the contract leaned against as being typically of job for the terms of their terms that hurt the constitutional norm concerning the forecast of summary rescission and the norm "celetista" in energy, not being able to the complainer to be abandoned by the State when of his no subjection the any disciplinary norm of the work relationship that maintains being applied in such a case the Consolidated Legislation.

This position, the servant complainer is used by not being subject to the statutory regime mentioned in the clause fourth contract mentioned, not following still the conditions made a pact to the constitutional norms.

Considering the defense of the entity in accordance fl Record on the other hand. 16, we extracted the confession from the same in the sense that the incentive postulated indeed was suppressed from the remuneration to the complainer, what offends the determination in the art. 468 "caput" of CLT and still the art. 5., VI of the Federal Constitution, before the one that, the request of payment of the budget proceeds pled starting from the month of September/94, owing the claimed entity to supply in the complainer's salary evolution including the value regarding the incentive budget postulated, for ends of clearance sale calculations.

Conclusion - Judgement

Former Positis decides the Only Committee of Conciliation and Judgement of Caxias/MA, to judge reasonable this legal action moved by Nehemias Carneiro against Municipal district of Caxias/MA to condemn him complained to pay to the complainer the budgets of Incentive granted starting from the month of September/94 in the form of the "fundamentação" that starts to integrate that decisum, owing the clearance sale of the sentence to observe the modality of simple calculations, with the supply of the complainer's salary evolution for the demanded Municipal district, included the budget of Incentive, happening interests and indexation.

Costs for the claimed of R$ 10,00 on R$ 500,00.

Her officiate to WELFARE DEPARTMENT.

Sentence subjects to the double jurisdiction degree.

Be summoned.

Judge of the work - president
Judge classista employers

Judge used classista

Boss of audiences.

6th. document

Labor agreement that amongst themselves celebrate the Municipal City hall of Caxias,MA, here denominated of contracting party and the employee, below qualified, here denominated contracted, in the conditions and form to proceed:

The Municipal City hall of Caxias,MA, CGC nr. 06.082.820/0001/56, with address in this city in the Square of Panteon, nr. 600, center, in this action acted by the municipal Mayor Dr.........., denominated of contracting party and Mr. Nehemias, denominated contracted, natural of....., Brazilian nationality, marital status....., resident in the........., bearer of the card of Identity nr........, CPF nr.........., where the present Labor agreement, that will have validity starting from August 02, 1993 are celebrated, in agreement with the conditions below enumerated:

First clause: He is the contracted admitted in the Contracting party's employees' board, to exercise the functions designated in the enclosed Entrance, with remuneration in the form of the effective Table of Wages.

Second clause: The present Contract will have uncertain duration, to count of August 02 of the year in course, could be canceled, in case there are transgressions the legal norms in the period of the two year-old probatory apprenticeship.

Third clause: The day of work of the contracted will be him prescribed in the legislation in action.

Fourth clause: The contracted is forced the category, as well as to respect the Only Regime of the Municipal Servants in the form of the effective legislation.
Fifth clause: The present instrument will be canceled of full right, in hypothesis of breaking of any the agreed on terms, not attending the contracted the right of claiming any compensation for coming expenses of its execution.

Sixth clause: It is elect the forum of the District of Caxias, State of Maranhão, to settle any doubts originating from of this Contract.

And for they be exactly and awake, the present Contract is written in three copies of equal terms and form for only one effect in the presence of the inventoried witness.

Caxias, MA, August 12, 1993.

They sign

The contracting party

The contracted.

Witness:

January 22, 1999:

Aguardando cumprimento de precatório.

Enter content here

Enter content here

Enter content here
Enter supporting content here

Home | Doenças profissionais. Art. 24. Lei Complementar 073. (MA). | UEMA Maranhão State University | Processo GDR - Caxias 487/99 | Teacher | Agenda | Agenda 1 | Negritude e poder na Língua Árabe | Negritude e poder na Língua Chinesa | Negritude e poder na Língua Coreana | Negritude e poder na Língua Espanhola | Negritude e poder na Língua Hebraica | Negritude e poder na Língua Holandesa | Negritude e poder na Língua Italiana | Negritude e poder na Língua Japonesa | Negritude e poder na Língua Pérsica | Negritude e poder na Língua Polonesa | Negritude e poder na Língua Russa | Negritude e poder na Língua Turca | Negritude e poder na Língua Ucraniana | Negritude e poder na Língua Alemã. | Negritude e Poder em Francês. Noirceur et pouvoir. | Blackness and Power 2nd. edition | Words to visitor | Immediate Use Troops | Kipling | Song 2 | Ekaterina Polushina | November 2002 | Medical Ethics | Medical Expertise | Contact Me | Lawyer | Revenge Target: Pinochet | Perfil militar | Gilberto Freyre | National Shame | The fury of roman legions | Good and Evil Together | Negritude | Blackness and Power 7 | Blackness and Power 6 | Blackness and Power 5 | Blackness and Power 4 | Blackness and Power 3 | Blackness and Power 2 | Blackness and Power 1 | Partners, alert! | The third State | Tiranny | Moment of decision | The message of Ibirapuera | Globalization=Corruption | Operation "Itororó" | National crusade | Electoral Transformism | Argos e as faces | 09/20/88 Deputies Chamber | 1991 - Telegram Deputies Chamber | 06/26/92 Deputies Chamber | Proposta 03704 | Proposta 03707 | Proposta 03597 | Proposta 03226 | Proposta 03382 | Proposta 03389 | Proposta 03554 | 02/27/87 Senate | 04/03/89 Senate | Before December 1992 | Review Lessons | Old Home Page | Lições que ficaram | Política bancária | Propostas sobre política bancária | Fantasy | Military Song | Proposal # 03389 | Central Bank | Qualidade Total - Total Quality | Interpelações administrativas - Administrative interpellations. | Grande Oriente do Brasil - Great East of Brasil | Secretaria de Educação Municipal - General

Web Log On Line Diary Nehemias

Razões do agravo de petição - Reasons of the petition offence

Egrégio Tribunal:

Histórico

01. O reclamante, ora agravado, ajuizou reclamação contra o Município de Caxias, ora agravante, postulando verbas trabalhistas relativas ao período de setembro/94 a maio/95.

02. Após notificar a Prefeitura Municipal, que deixou de comparecer, a douta JCJ de Caxias, aplicando a confissão ficta, prolatou sentença condenando o agravante a pagar parcelas salariais relativas ao período da reclamação (fls. 26/28).

03. A sentença, confirmada em segundo grau, por remessa oficial (fls. 46/46), foi executada e embargada com base na arguição de incompetência "ratione materiae", vez que o agravado trabalhou para o agravante sob a égide do Regime Jurídico Único, instituído no município através da Lei nr. 1261, publicada em 24.08.1993 (fls. 72/102).

04. O juízo a quo julgou improcedentes os embargos por entender que "transitada em julgado a sentença de mérito, só por via de ação rescisória se poderá pretender o reconhecimento da incompetência absoluta não suscitada anteriormente. Não fosse assim, teríamos a lide infindável." (fls. 104/105).

05. Daí este agravo de petição.

Fundamentos

06. A incompetência "ratione materiae", embora não arguída no processo cognitivo, está sendo questionada na instância ordinária, conforme permite o art. 113, caput, do CPC, aplicável subsidiariamente: "A incompetência absoluta deve ser declarada de ofício e pode ser alegada, em qualquer tempo e grau de jurisdição, independentemente de exceção."

07. A lei não contém palavras inúteis. Portanto, a expressão "qualquer tempo e grau de jurisdição" foi, data venia, ignorada pela decisão recorrida.

Pedido de nova decisão.

08. Diante do exposto, espera que seja dado provimento a este recurso para declarar nulos os atos decisórios, por incompetência absoluta e improrrogável dessa Justiça do Trabalho (CPC, 113, parágrafo 2, e Súmula 137, do STJ), por ser de direito e de justiça.

Caxias, 08 de setembro de 1997.

O advogado.

Reasons of the petition offence

Eminent Tribunal:

Historical

01. The complainer, now worsened, it judged complaint against the Municipal district of Caxias, now added difficulty, postulating relative labor budgets to the Setember/94 period the May/95.

02. After notifying the Municipal City hall, that he stopped attending, learned JCJ of Caxias, applying the confession ficta, wrote sentence condemning the added difficulty to pay relative salary portions to the period of the complaint (fls. 26/28).

03. The sentence, confirmed in second degree, for official remittance (fls. 46/46), it was executed and embargoed with base in the oral test of incompetence "ratione materiae", time that worsened he worked him for the added difficulty under the aegis of the Only Juridical Regime, instituted in the municipal district through the Law nr. 1261, published in 24.08.1993 (fls. 72/102).

04. The judgement to quo judged unfounded the seizures for understanding that "in having judged the sentence of merit, only for road of action rescisória the recognition of the absolute incompetence can be intended no raised previously. It didn't go like this, we would have participates in her endless." (fls. 104/105).

05. Then this petition offence.

Foundations

06. The incompetence "ratione materiae", although no asked for in the cognitive process, is being questioned in the ordinary instance, as it allows the art. 113, caput, of CPC (Civil Processing Code), applicable with it: The absolute incompetence should be declared of obligation and it can be alleged, in any time and jurisdiction degree, independently of exception."

07. The law doesn't contain useless words. Therefore, the expression "any time and jurisdiction" degree was, it dates permission, unknown for the gone through decision.

Request of new decision.

08. Before the exposed, he waits that provision is given to this resource to declare null the actions of decisions made, for absolute incompetence and not transferred to a later time, of that Justice of the Work (CPC, 113, paragraph 2, and Súmula 137, of STJ), for being of right and of justice.

Caxias, September 08, 1997.

The lawyer.

Enter content here

Enter content here

Enter content here

Enter content here

Enter supporting content here

Home | Doenças profissionais. Art. 24. Lei Complementar 073. (MA). | UEMA Maranhão State University | Processo GDR - Caxias 487/99 | Teacher | Agenda | Agenda 1 | Negritude e poder na Língua Árabe | Negritude e poder na Língua Chinesa | Negritude e poder na Língua Coreana | Negritude e poder na Língua Espanhola | Negritude e poder na Língua Hebraica | Negritude e poder na Língua Holandesa | Negritude e poder na Língua Italiana | Negritude e poder na Língua Japonesa | Negritude e poder na Língua Pérsica | Negritude e poder na Língua Polonesa | Negritude e poder na Língua Russa | Negritude e poder na Língua Turca | Negritude e poder na Língua Ucraniana | Negritude e poder na Língua Alemã. | Negritude e Poder em Francês. Noirceur et pouvoir. | Blackness and Power 2nd. edition | Words to visitor | Immediate Use Troops | Kipling | Song 2 | Ekaterina Polushina | November 2002 | Medical Ethics | Medical Expertise | Contact Me | Lawyer | Revenge Target: Pinochet | Perfil militar | Gilberto Freyre | National Shame | The fury of roman legions | Good and Evil Together | Negritude | Blackness and Power 7 | Blackness and Power 6 | Blackness and Power 5 | Blackness and Power 4 | Blackness and Power 3 | Blackness and Power 2 | Blackness and Power 1 | Partners, alert! | The third State | Tiranny | Moment of decision | The message of Ibirapuera | Globalization=Corruption | Operation "Itororó" | National crusade | Electoral Transformism | Argos e as faces | 09/20/88 Deputies Chamber | 1991 - Telegram Deputies Chamber | 06/26/92 Deputies Chamber | Proposta 03704 | Proposta 03707 | Proposta 03597 | Proposta 03226 | Proposta 03382 | Proposta 03389 | Proposta 03554 | 02/27/87 Senate | 04/03/89 Senate | Before December 1992 | Review Lessons | Old Home Page | Lições que ficaram | Política bancária | Propostas sobre política bancária | Fantasy | Military Song | Proposal # 03389 | Central Bank | Qualidade Total - Total Quality | Interpelações administrativas - Administrative interpellations. | Grande Oriente do Brasil - Great East of Brasil | Secretaria de Educação Municipal - General office of Municipal Education | Justiça do Trabalho - Justice of the Work | Razões do agravo de petição - Reasons of the petition offence | Essay Page | Requerimentos - Applications | 01/07/1985 | 08/06/1984 | Translations from "Requerimentos" | Translations 1 | Federal savings bank | Proposta 03845 | Proposta 03829 | Proposta 03828 | He alerts the youths!

Web Log On Line Diary Nehemias

Federal savings bank

Enter subhead content here

Federal savings bank

Document GERHA/MA 001/87

São Luís, August 08, 1987.

To

Company of Popular House of Maranhão

Reference: DEFIS/DEFIB/GEFIS - I - 87/167 - I - Central Bank of Brazil

Mr. President,

1. We saw of receiving the file above mentioned, which directs copy to you, for the reasonable providences, for we believe to be the pertinent subject the area of performance of that Organ.

Respectfully

Manager of Habitational and Hypothecary Programs

With copy to the interested party

Federal savings bank

Document GERHA/MA

São Luís, August 10, 1987.

To Mr.

Nehemias

Square-XX, Street XX, House XX - COHAB

Caxias/MA

Dear Sir

1.   We acknowledged the receipt of you correspondence, dated of June of 1987 and addressed to the Central Bank of Brazil, which treats of complaint against the Company of Popular House of Maranhão COHAB/MA

2.   We informed you that through our Document GERHA/MA 001/87 (copy encloses) we directed your correspondence to COHAB/MA, for the reasonable providences, since the subject concerns the area of performance of that Organ and not of this Savings bank.

Respectfully

Manager of Habitational and Hypothecary Programs

Federal savings bank

Document DECOA-DIFIS 066/87

Rio de Janeiro, August 24, 1987.

To

COMPANY OF POPULAR HOUSE OF THE STATE OF MARANHÃO

Av. Guaxenduba, not numbered - Hill of Cross

São Luís - MA

Managing gentlemen

It is in our power correspondence of the unitholder of that Company Mr. Nehemias Carneiro, dated of May 14 current, driven to the Central Bank of Brazil and directed the this Entity.

2   so that we can render the information that are done necessary, we requested of Healthy V.. explanations regarding the following facts told by the addresser:

2.1 that the property is located in Square 31, Street 27, House 7 - COHAB - Caxias - MA, meeting codified as his contract the one of nr. 2300410-4;

2.2 that it is paying off their commitments from July of 1984;

2.3 that wanting to obtain a copy of the acquisitive title of the referred immobile, as well as to use of FGTS PENSION FUND for an eventual quittance, it sought the offices place and central of this Company, not achieving success.

3   this position, we saw to request answer to present, driven to the Division of Fiscalization and Attendance, of the Central Department of Control and Attendance, located in Glória Street, 306 - 2nd. floor.

Respectfully

Boss of the Division of Fiscalization and Attendance

Boss of the Central Department of Control and Attendance

Enclosed: Copy of the correspondence of the unitholder.

FEDERAL SAVINGS BANK

Document DECOA-DIFIS 075/87

Rio de Janeiro, August 28, 1987.

To Mr.

Nehemias

Post Office Box ...

Caxias - MA

Subject: Your letter on August 05, 1987.

Dear Sir:

1. Aware of the contained in the correspondence in epigraph, we enclosed copy of Document DECOA-DIFIS 066/87, 24.08.87, addressed to the COMPANY OF POPULAR HOUSE OF THE STATE OF MARANHÃO, whose explanations are awaiting.

2. Without more for the moment, we ourselves

Respectfully

Boss of the Division of Fiscalization and Attendance

Boss of the Central Department of Control and Attendance

Federal savings bank

Document DECOA-DIFEN 136/87

Rio de Janeiro, November 16, 1987.

To

Mr. Nehemias

Post Office Box nr.

Caxias - MA

Dear Sir,

1.   In attention your correspondence of 24.09.87, has to inform that we received the Document nr. 319/87 from Company of Popular House of the State of Maranhão, where they are transmitted us information that the necessary providences seeking to regularize your contractual situation is being adopted (copy encloses).

2.   Of this it sorts things out, we recommended you to maintain contact with COHAB-MA, aiming at to solve the existent dispute, explaining, finally, that the exam of such subjects, in the extent of CEF, is still recent, due to the delegation of the Central Bank of Brazil.

Respectfully

Boss of the Division of Fiscalization of Entities

Boss of the Central Department of Costs and Analysis

Enter content here

Enter content here

Enter content here

Enter supporting content here

Home | Doenças profissionais. Art. 24. Lei Complementar 073. (MA). | UEMA Maranhão State University | Processo GDR - Caxias 487/99 | Teacher | Agenda | Agenda 1 | Negritude e poder na Língua Árabe | Negritude e poder na Língua Chinesa | Negritude e poder na Língua Coreana | Negritude e poder na Língua Espanhola | Negritude e poder na Língua Hebraica | Negritude e poder na Língua Holandesa | Negritude e poder na Língua Italiana | Negritude e poder na Língua Japonesa | Negritude e poder na Língua Pérsica | Negritude e poder na Língua Polonesa | Negritude e poder na Língua Russa | Negritude e poder na Língua Turca | Negritude e poder na Língua Ucraniana | Negritude e poder na Língua Alemã. | Negritude e Poder em Francês. Noirceur et pouvoir. | Blackness and Power 2nd. edition | Words to visitor | Immediate Use Troops | Kipling | Song 2 | Ekaterina Polushina | November 2002 | Medical Ethics | Medical Expertise | Contact Me | Lawyer | Revenge Target: Pinochet | Perfil militar | Gilberto Freyre | National Shame | The fury of roman legions | Good and Evil Together | Negritude | Blackness and Power 7 | Blackness and Power 6 | Blackness and Power 5 | Blackness and Power 4 | Blackness and Power 3 | Blackness and Power 2 | Blackness and Power 1 | Partners, alert! | The third State | Tiranny | Moment of decision | The message of Ibirapuera | Globalization=Corruption | Operation "Itororó" | National crusade | Electoral Transformism | Argos e as faces | 09/20/88 Deputies Chamber | 1991 - Telegram Deputies Chamber | 06/26/92 Deputies Chamber | Proposta 03704 | Proposta 03707 | Proposta 03597 | Proposta 03226 | Proposta 03382 | Proposta 03389 | Proposta 03554 | 02/27/87 Senate | 04/03/89 Senate | Before December 1992 | Review Lessons | Old Home Page | Lições que ficaram | Política bancária | Propostas sobre política bancária | Fantasy | Military Song | Proposal # 03389 | Central Bank | Qualidade Total - Total Quality | Interpelações administrativas - Administrative interpellations. | Grande Oriente do Brasil - Great East of Brasil | Secretaria de Educação Municipal - General office of Municipal Education | Justiça do Trabalho - Justice of the Work | Razões do agravo de petição - Reasons of the petition offence | Essay Page | Requerimentos - Applications | 01/07/1985 | 08/06/1984 | Translations from "Requerimentos" | Translations 1 | Federal savings bank | Proposta 03845 | Proposta 03829 | Proposta 03828 | He alerts the youths!

Web Log On Line Diary Nehemias

Central Bank

Enter subhead content here

Central bank of Brazil

DEFOR/REFIS - II - 87/0840

Fortaleza (CE), July 02, 1987.

To

Mr. Nehemias

Square..., Street ..., House ... - COHAB

65600 - Caxias - MA

Dear Sir

We referred to your correspondence of 10.06.87, directed to this organ formulating complaint against the Company of Popular House of the State of the Maranhão - COHAB-MA,

2.   In agreement face between this organ and the Federal Savings bank, transferring to the last the incumbency of supervising COHAB's, we directed your letter to that establishment (CEF/SUCOF/DECOA - Chile Avenue, 230 21st. floor - Rio de Janeiro) for the providences of his competence.

3.   Finally, we informed you that, in case of new complaints or explanations on the subject, you will directly be able to go to the Federal Savings bank.

Greetings

REGIONAL DEPARTMENT OF FORTRESS

DIVISION OF FISCALIZATION

Coordinator Substitute

Assistant Substitute

Central bank of Brazil

PT 9985995

DENOR/CONAB-91/797

Brasília (DF), October 25, 1991.

From: Department of Norms of the System Financial - DENOR

Consultancy of the Financial System of the House - CONAB

To: Mr. Nehemias

COHAB - Square..., Street..., House...

65035 - Caxias (MA)

Dear Sir,

We referred your correspondence of October 02, 1991, through which you informs us that you would be having difficulties in proceeding to the payment, by new crusaders' use, of relative installments to habitational financings.

2. To purpose, we explained that the interruption III of Art. 9th. of the Law n°. 8.218, of 29.08.91, it allows the accomplishment of those payments, since they refer to debit balances of contracted financings up to 29.06.91, close to integral institutions of the National Financial System or of the House (vide, also, the interruption II of Art. 1st. of the Circular n° 2.005, of 08.08.91).

Respectfully

Consultancy of the Financial System of the House

Enter content here

Enter content here

Enter content here

Enter supporting content here

Hebraica | Negritude e poder na Língua Holandesa | Negritude e poder na Língua Italiana | Negritude e poder na Língua Japonesa | Negritude e poder na Língua Pérsica | Negritude e poder na Língua Polonesa | Negritude e poder na Língua Russa | Negritude e poder na Língua Turca | Negritude e poder na Língua Ucraniana | Negritude e poder na Língua Alemã. | Negritude e Poder em Francês. Noirceur et pouvoir. | Blackness and Power 2nd. edition | Words to visitor | Immediate Use Troops | Kipling | Song 2 | Ekaterina Polushina | November 2002 | Medical Ethics | Medical Expertise | Contact Me | Lawyer | Revenge Target: Pinochet | Perfil militar | Gilberto Freyre | National Shame | The fury of roman legions | Good and Evil Together | Negritude | Blackness and Power 7 | Blackness and Power 6 | Blackness and Power 5 | Blackness and Power 4 | Blackness and Power 3 | Blackness and Power 2 | Blackness and Power 1 | Partners, alert! | The third State | Tiranny | Moment of decision | The message of Ibirapuera | Globalization=Corruption | Operation "Itororó" | National crusade | Electoral Transformism | Argos e as faces | 09/20/88 Deputies Chamber | 1991 - Telegram Deputies Chamber | 06/26/92 Deputies Chamber | Proposta 03704 | Proposta 03707 | Proposta 03597 | Proposta 03226 | Proposta 03382 | Proposta 03389 | Proposta 03554 | 02/27/87 Senate | 04/03/89 Senate | Before December 1992 | Review Lessons | Old Home Page | Lições que ficaram | Política bancária | Propostas sobre política bancária | Fantasy | Military Song | Proposal # 03389 | Central Bank | Qualidade Total - Total Quality | Interpelações administrativas - Administrative interpellations. | Grande Oriente do Brasil - Great East of Brasil | Secretaria de Educação Municipal - General office of Municipal Education | Justiça do Trabalho - Justice of the Work | Razões do agravo de petição - Reasons of the petition offence | Essay Page | Requerimentos - Applications | 01/07/1985 | 08/06/1984 | Translations from "Requerimentos" | Translations 1 | Federal savings bank | Proposta 03845 | Proposta 03829 | Proposta 03828 | He alerts the youths!

Web Log On Line Diary Nehemias

Ekaterina

Enter subhead content here

Enter content here

Hotmail® nehemias_carneiro@hotmail.com

From :

rtg <rtg321@female.ru>

Reply-To :

rtg <rtg321@female.ru>

To :

"Nehemias Carneiro" <nehemias_carneiro@hotmail.com>

Subject :

Re: Message

Date :

Fri, 13 Dec 2002 17:12:53 +0300

Hi my honey Nehemias!!!!!!!!!!!!!!!!!!!!!!!!!!!!!!!!!

I very much you

to love and I dream to be with you a number(line).

I want to carry out(spend) with you romantic

evenings, supper at candles.

Today dream has dreamed me as we with you went for a walk on park.

Then we sat at beautiful lake and looked at beautiful white birds.

To us was so

well together and all looked at us and envied.

The people spoke that we strongest pair and that

them that can not separate.

When my dream was terminated I for one minute to overlook(forget)

about you.

I to think of your eyes about lips and about that as we shall be happy together.

As it will be

good to us together and I shall do(make) all can be with you.

The true love assumes patience: in a name

of love nothing it is difficult, any

burden is not difficult. I you will think that by a reliable support
in life,

perfect family and father. The depth of love depends not only on the one whom

love, but also

from the one who loves, from his(its) warehouse of the person,

temperament.

Other man simply

is not capable on bright feeling, but it(he) can surround the

spouse with friendly attention and care

and to feel necessity of the same

attitude(relation) to itself(himself). The family creates an opportunity to

adjust a life, the family keeps health, creates sensation of comfort.

Answer please

to me honourly you want that I arrived to you?

With impatience I wait for your answer.

Yours Ekaterina.

carneiro@hotmail.com

From :

"Nehemias Carneiro" <nehemias@cesc.uema.br>

To :

nehemias_carneiro@hotmail.com

Subject :

Message 7 (fwd)

Date :

Tue, 10 Dec 2002 10:43:29 GMT

Attachments :

Ôîòî04.jpg (85k)

----------Mensagem encaminhada ----------

Return-Path: <rtg321@female.ru>

Delivered-To: nehemias@cesc.uema.br

Received: (qmail 12887 invoked from network); 6 Dec 2002 21:32:32 -0000

Received: from aqua.relinfo.ru (195.161.208.130)

by mail.uema.br with SMTP; 6 Dec 2002 21:32:32 -0000

Received: from 4.dialup-a.mari-el.ru (4.dialup-a.mari-el.ru [195.161.212.4])

by aqua.relinfo.ru (8.12.5/8.12.5) with ESMTP id gB6MXav4040453

for <nehemias@cesc.uema.br>; Sat, 7 Dec 2002 01:36:25 +0300 (MSK)

(envelope-from rtg321@female.ru)

Date: Sat, 7 Dec 2002 00:21:13 +0300

From: rtg <rtg321@female.ru>

X-Mailer: The Bat! (v1.53d) Personal

Reply-To: rtg <rtg321@female.ru>

X-Priority: 3 (Normal)

Message-ID: <44284858.20021207002113@female.ru>

To: "Nehemias Carneiro" <nehemias@cesc.uema.br>

Subject: Re: Message 7

In-Reply-To: <20021206154801.3660.qmail@mail.uema.br>

References: <20021206154801.3660.qmail@mail.uema.br>
MIME-Version: 1.0

Content-Type: multipart/mixed; boundary="----------1010E1AF2241450C"

X-AntiVirus: scanned for viruses by AMaViS 0.2.1 (http://amavis.org/)

Hi, honey!

It - already tradition for me to go in cafe of the Internet. But the conversation, it - best is sincere, that occurs within my day. I enjoy by each letter, I reach from you and I re-read them each night. I want to divide(share) my life with you, I want to be always with you, to feel your heat and care (care). I - very emotional, passionate, quick-tempered woman, and it am usual for me to show my feelings. There can Be it, it seems strange for you, we have not met you in real life, we have only letters, which I to store(keep), but I have feeling, that we know everyone another the whole eternity. Hope you are not frightened with all they and you understands me. Most important in the attitudes(relations) between two people, man and woman, love, certainly, mutual understanding, respect (attitude)((relation)). Two people should entrust everyone another at first, understand, care (care) rather everyone another. His(its) life will be my life, and I shall give it(him) all my love, c!

are (care) and tenderness. Give imagination slightly. Imagine:........ Night, novel, we one in a room (place), we turn on music and dance slowly. I study your eyes, they are so deep, and you look in mine, they are complete by emotions. I see your lips, so soft, and I want to kiss them. We like everyone another, and minute - eternity..., or so... You come back from work. I expect you. I prepared very tasty dinner, and we sit at a table, you inform me news, concerning your work, and I only listen to you. I do not need in what - that still. I only enjoy by the moments, which I spend I ((see (off)) with you. Then we go to a drawing room to a room and we notice a movie. We sit on a sofa, embracing and being kissed. Only in quiet evening.. Or so.. .. Target, we - breakfast of preparation (thermal processing) for our children, they operate about us - the boy and girl. After breakfast we are going to go, we have rest, then we are going to see our friends, and we come back home tire!

d, but so happy. We have spent (have lead)((carried out)) day with our

family. Children sleep, already and we one. We are engaged love, and whole night - not it is enough for us. Tomorrow one more week will begin, and it even will be better..... Well, it is enough with my dreams... Write to me, please, your ideas concerning it. I expect impatiently your answer, prosperity. Hot (sharp) kisses for you.

Your baby Ekaterina.

P.S.

Payment of the Internet to cost 1900 roubles.

Hotmail® nehemias_carneiro@hotmail.com

From :

"Nehemias Carneiro" <nehemias@cesc.uema.br>

To :

nehemias_carneiro@hotmail.com

Subject :

Message 9 (fwd)

Date :

Thu, 12 Dec 2002 19:01:06 GMT

Attachments :

Ôîòî06.jpg (114k)

----------Mensagem encaminhada ----------

Return-Path: <rtg321@female.ru>

Delivered-To: nehemias@cesc.uema.br

Received: (qmail 30927 invoked from network); 10 Dec 2002 13:56:31 -0000

Received: from aqua.relinfo.ru (195.161.208.130)

by mail.uema.br with SMTP; 10 Dec 2002 13:56:31 -0000

Received: from 70.dialup-a.mari-el.ru (70.dialup-a.mari-el.ru [195.161.212.70])

by aqua.relinfo.ru (8.12.5/8.12.5) with ESMTP id gBAEnZv7074944

for <nehemias@cesc.uema.br>; Tue, 10 Dec 2002 18:01:31 +0300 (MSK)

(envelope-from rtg321@female.ru)

Date: Tue, 10 Dec 2002 17:29:06 +0300

From: rtg <rtg321@female.ru>

X-Mailer: The Bat! (v1.53d) Personal

Reply-To: rtg <rtg321@female.ru>

X-Priority: 3 (Normal)

Message-ID: <794091288.20021210172906@female.ru>

To: "Nehemias Carneiro" <nehemias@cesc.uema.br>

Subject: Re: Message 9

In-Reply-To: <20021210103503.23420.qmail@mail.uema.br>

References: <20021210103503.23420.qmail@mail.uema.br>

MIME-Version: 1.0
Content-Type: multipart/mixed; boundary="----------5E18B22F2E9BE40"

X-AntiVirus: scanned for viruses by AMaViS 0.2.1 (http://amavis.org/)

Favourite Nehemias !!!

All - as is usual in my life, and anything special does not happen. I saw a movie the Nice woman yesterday. I am sure, that you saw it also. I love this movie, and I saw it some times already. After it, I have gone (has gone) to dream and I dreamed concerning us. I believe, that you - my second half, and the destiny has helped us to meet. It - our chance to be happy, and we can not pass(miss) it. It would be unfair. I understand, that we do not know everyone another during long time, and we have not met, but I do not care. I only know that I feel, inside and my heart informs me all. I never would believe, that I can fall in love with the man, I never have met in real life. But now I have tested it, and I believe in it. All could happen in this life. Also there is nothing strange in it. I should inform you one thing. It really is very important for me. But I should know, that you trust me. You should not have any enterprises (anxiety) concerning me. I do not deserve it. I hav!

e only serious intentions concerning you. Only write to me, that you trust me, and I shall not be frightened to inform you it. I should inform you it because very difficultly feel it inside and not be is capable to inform you. Please, road inform me, that you trust me and that you do not think, that I am weird, it - not so, I - only very sensitive and sensual man. And you mean all for me in my life. I only can not imagine my life without you more. I shall die better than, lose you. My life will be empty without you, it will not have any value. I shall think concerning it today in evening and I shall write to you concerning my feelings tomorrow. Please, be honour with me and write to me your ideas, and 3 words inform me only, that I TRUST YOU. I want to send you the address: 410000, Russia, Saratov, street Komsomolskay, 92a-30. My complete name Ekaterina Polushina. Care, honey. You are in my heart. Thousand kisses. Yours for ever. Ekaterina.

Hotmail® nehemias_carneiro@hotmail.com

From :

rtg <rtg321@female.ru>

Reply-To :

rtg <rtg321@female.ru>

To :

"Nehemias Carneiro" <nehemias_carneiro@hotmail.com>

Subject :

Re: Fwd: Message 20 (fwd)-01/02/2003

Date :

Thu, 2 Jan 2003 23:08:04 +0300

Hi mine lovely Nehemias!!!!!!!!!!

Excuse that I to not write to you at me a problem with payment the

Internet and as early as new year has passed all money have left there. My honey we should necessarily with you meet and I learn(find

out) before holidays in embassy that we can to meet but for this

purpose I owe should receive the visa arrive to you in the country.

What you to think of it? Ekaterina

Hotmail® nehemias_carneiro@hotmail.com

From :

rtg <rtg321@female.ru>

Reply-To :

rtg <rtg321@female.ru>

To :

"Nehemias Carneiro" <nehemias_carneiro@hotmail.com>

Subject :

Re: Message 21

Date :

Fri, 3 Jan 2003 23:08:38 +0300
Hi mine lovely Nehemias!!!

The visa to me will cost 300 $ USA and ticket aboard the plane 455 $ USA.

If you can help me that is speed(faster) be speed we can together.

I very much to want to arrive to you but you you see you should

help me with it

want that I to

be with you.

Write to me as soon

as possible.

Yours Ekaterina.

Hotmail® nehemias_carneiro@hotmail.com

From :

rtg <rtg321@female.ru>

Reply-To :

rtg <rtg321@female.ru>

To :

"Nehemias Carneiro" <nehemias_carneiro@hotmail.com>

Subject :

Re: Message 23

Date :

Wed, 8 Jan 2003 00:31:26 +0300

Hi mine lovely Nehemias!!!!!!!!!

I to receive the letter from you and I to you to respond on him(it).

To you mine lovely not as is not necessary to participate in visa of a

marriage(spoilage) I all
to do(make) itself. This visa to give for 100

days and us with you it is necessary there will be for these hundred

days we should to enter a marriage(spoilage) and then already at you

in the country it will be necessary to put a seal that we with you
the

husband and wife and all of
us with you can live happily I I believe

in it .No now to require what your documents these documents yours it will be necessary only at you in the country. I not understand you can

to meet me in Rio de Janeiro? And lovely as you to me can help on
what

interval of time I so already
to want be with you excuse that I so to

write simply I to not constrain any more emotion I so to want be with

you. Ekaterina

Hotmail® nehemias_carneiro@hotmail.com

From :

rtg <rtg321@female.ru>
Reply-To :

rtg <rtg321@female.ru>

To :

"Nehemias Carneiro" <nehemias_carneiro@hotmail.com>

Subject :

Re: Message 24

Date :

Thu, 9 Jan 2003 14:14:12 +0300

Hello my love Nehemias.

Today is cold again. But now warm

to me because I received your
letter today. I wait for moment when

we will be together and could

speak and hugs. I love you all my heart

and I think we could be

together soon. My heart is yours and I hope

your is mine. I'm a little

worried about our meeting because I'm n

waiting. I want it will be as

soon as we can do it because the life

in waiting very bad. I can't

wait to see you ! I'm ready to fly to

you . I told my relatives that I

found the real love and will be with

him soon and it will be the happy

life because I really love him and

he love me too. You those man about

which I dream all my life we must

fix our relations in meetings and
I'm sure we will love more than now

each other. I love you I want to

be yours, I do all for it and will

do because I don't want to lose you

and I will not lose you I'm sure.

I LOVE YOU!!!!!!!! PLEASE DON'T

FORGET IT!!!!!!! I NEVER TIRED TO SAY

IT TO YOU!!!!! I LOVE YOU!!! I

LOVE YOU!!! I LOVE YOU!!! I LOVE YOU!!!

I LOVE YOU!!! I LOVE YOU!!! I

LOVE YOU!!! I LOVE YOU!!! I LOVE YOU!!!

I LOVE YOU!!! I LOVE YOU!!! I

LOVE YOU!!! I LOVE YOU!!! I LOVE YOU!!!

I LOVE YOU!!! I LOVE YOU!!! I

LOVE YOU!!! I LOVE YOU!!! I will always

love you !!! Yours Ekaterina.

Reply-To : rtg <rtg321@female.ru>

To : "Nehemias Carneiro" <nehemias_carneiro@hotmail.com>

Subject : Re: Message 25

Date : Thu, 9 Jan 2003 21:56:19 +0300

Hi my most dear(expensive) man in the world Nehemias!!!

There is no minute, when I do not think concerning

you. I really need in you

now. I can not

hold everything, that I feel inside me. You - unique(sole) man for me in this

world, and it very

firmly is ((difficult) for me to be except for you.
Probably it is very strange

to have such

feelings even meeting, but I want to speak, that I love you. Yes, I LOVE YOU!!!

I hope, that you

will not be frightened with my words. I do not care,
which we do not meet in

real life. I only

know, that you - best, that I had, have and will have in this life. The ideas

concerning you

will force me to feel happy. I want to be with you,
and I know, that I shall be

happy with you

up to the end of times. I feel you with my opinion, now and I want to feel you

with each cell of

my body (body). I know, that you want it also. The
day, when I have met you, has

changed (has

replaced) my life, and I am very happy concerning it. Now I have the man, whom I

love. I want to

be with it(him) most of all on this planet and in installed.
I want to be with

it(him) as

his(its) woman, as his(its) wife, as his(its) friend, as his(its) assistant of

soul, as his(its)

fan(amateur) (beloved). I know now, when you - man
of my dream, for whom I

searched during all

my life. Now I have found you, and I need there is nothing still. I am sure, that we

shall be happy, together and I shall do(make) all for this purpose.
I know, that

you
 will

do(make)

all for this purpose also. I even have tears of happiness on my eyes

now. I have no

words to describe feelings inside me. I am ready to do(make) everything

to be

with

you. Our love

decides(solves)

all problems on ways to each other. I believe, that we shall be

together. I

shall cross ocean only to be with you. I only want to see you, to study your eyes, to concern

you, to kiss you. I remembered one moment from the

film Nice woman. She(it)
wanted to find

prince on the white horse, and she(it) has found it(him) in the end, when it(he)

arrives in

its(her) place on the white automobile with roses and

in spite of the fact that

it(he) was

afraid of height, it(he) rises on a high floor (floor) on it(her). I know, that

I have found

such prince. I know, that it(he) will do(make) everything

to do(make) me by

feeling, happy each

second of my life, and I know, that I shall do(make) all for his(its) happiness.

I shall love

you, always and it does not matter for me, that will

be in the future. I shall

love you, you -

air, I breathe, the reason for me to live. Also there is no life for me without

you. Please, do

not injure me, and inform me, that you understand me.

Hope to receive news from

you is very

speed. Love you. Yours for ever Ekaterina.

From : rtg <rtg321@female.ru>

Reply-To : rtg <rtg321@female.ru>
To : "Nehemias Carneiro" <nehemias_carneiro@hotmail.com>

Subject : Re: Message 26

Date : Fri, 10 Jan 2003 21:39:51 +0300

Hi

mine lovely Nehemias!!!!!!!

I am very glad to receive your letter when I to receive your mail I to

be in very good mood all day but I is certainly glad very much to
 this

but I

now to want to develop our attitudes(relations) further I can not suffer(bear) any more I to want with you to meet I now to

understand for certain that you which that man I to

search already so

long. What you to think about it? I wait for your answer soon Ekaterina.

Hotmail® nehemias_carneiro@hotmail.com

From : rtg <rtg321@female.ru>

Reply-To : rtg <rtg321@female.ru>

To : "Nehemias Carneiro" <nehemias_carneiro@hotmail.com>

Subject : Re: Message 27

Date : Sat, 11 Jan 2003 23:46:11 +0300

Hi my lovely Nehemias!!!
I since today

the happiest girl on a planet. Today I from you receive the most

pleasant news now we can to be seen with you. I correctly

to understand you?

Mine love I so am glad to this I so to want to see you. Mine lovely I can begin

to prepare the

visa?

I very to wait for your answer is speed.

Yours Ekaterina.

Hotmail® nehemias_carneiro@hotmail.com

From :

rtg <rtg321@female.ru>

Reply-To :

rtg <rtg321@female.ru>

To :

"Nehemias Carneiro" <nehemias_carneiro@hotmail.com>

Subject :

Re: Message 28

Date :

Wed, 15 Jan 2003 00:35:02 +0300

HI

mine GENTLE Nehemias !!!!!!!!!!!!!!!!!!!!!!!!!

I am very glad to receive your

letter. I already for a long time to speak the

relatives about you my HONEY!!!

And they to consider(count) you as the very lovely man! Well I

tomorrow go and I

shall begin to do(make) the documents for reception of the

visa. Lovely but I to

not understand about what bank system you

to speak? There is such service on

translation of money, as Western

Union, is very simple system. I was very glad

that we can soon in a place! I

am very glad to this mine Lovely!!! I LOVE
YOU!!!!!!!!!!!!

I once again to call in the airport and to learn(find out) on the account the

ticket, his(its) cost 455 $ USA, from Moscow up to Rio!

I

am in high spirit, and can not present that soon we shall a number(line).

Write to me please soon. I LOVE KISS on all life yours Ekaterina.

Hotmail® nehemias_carneiro@hotmail.com

From : rtg <rtg321@female.ru>

Reply-To : rtg <rtg321@female.ru>

To : "Nehemias Carneiro" <nehemias_carneiro@hotmail.com>

Subject : Re: Message 29
Date : Wed, 15 Jan 2003 09:59:35 +0300

Hi my lovely and most favourite man in this world Nehemias!!!!!!!!!!!

I am very happy to see your letter. I very much miss without you and I wait with

impatience of that moment when can arrive to you.

Mine lovely I to understand you but Western Union it is the most reliable

service on translation of money. I can receive money only if you to send them

through this service. I precisely know that mail in Russia to work very bad and letter do not reach. The best way it Western Union and I very quickly can

receive this money. So it is not necessary to lose time and as soon as you I

shall help to me to prepare the visa. I shall order the visa in Moscow but it

not long.

YOURS Ekaterina.

Hotmail® nehemias_carneiro@hotmail.com

From : rtg <rtg321@female.ru>

Reply-To : rtg <rtg321@female.ru>

To : "Nehemias Carneiro" <nehemias_carneiro@hotmail.com>

Subject : Re: Message 29

Date : Thu, 16 Jan 2003 03:56:33 +0300

HI MINE LOVELY Nehemias !!!

I with an alarm waited for yours the letter and is glad to receive

it(him) my honey. At me all is good, but I very much to miss without

you! I can not begin process of the visa, as for it I need at first to pay money complete cost, and after that my visa will be done(made) and

will be ready in 5 days till a maximum. I to not understand you on the

account of bank? What you to want to use? What system? For me most

convenient for reception of money is Western Union, it is very fast

and my HONEY is convenient for me! I can not more without you mine

lovely, I can not more wait our meeting. For now I shall wait for

yours soon letters. Ekaterina.

Hotmail® nehemias_carneiro@hotmail.com

From : rtg <rtg321@female.ru>

Reply-To : rtg <rtg321@female.ru>

To : "Nehemias Carneiro" <nehemias_carneiro@hotmail.com>
Subject : Re: Message 30

Date : Sat, 18 Jan 2003 03:01:34 +0300

Attachments : Photo15.jpg (104k)

HI Lovely mine Nehemias!!!!!!!!!!!!!!!!!!!!!!!!!!!!!!!

I with an alarm to wait for your letter and is very glad to receive it(him). I

to wait for your letter yesterday, and I very much was ðàñòðîåíà that you did

not write to me, but now I to understand you and is very glad that all well.

Dear mine, I shall do(make) the visa of "travel", she(it) is given for 100 days.

And if at on with you all will be good, we simply shall alter her(it), at you in

the country and after that I can îñòàòüñÿ at you mine most gentle!!!

I very much to miss without you! I can not wait for our meeting with you mine

dear(expensive) Nehemias any more! I LOVE, I LOVE, I LOVE, I LOVE, I LOVE YOU.

And me is not necessary who except for you. You my most dear(expensive) man on

light!

Tomorrow I to go to the aunt in the visitors and I shall speak that I soon shall

leave to mine lovely Nehemias, she(it) will be glad I is sure in it.

My mum to read your letters and she(it) you speak that the kind good and

decent(considerable) man. That she(it) is not afraid to release(let off) me to

you, she(it) will be sure that with me all well.

How soon I can arrive to you??? Whether can I be adjusted to do(make) the
visa??? What you interests still on ïîâàäó of my trip???

With an alarm I wait for the answer from you my HONEY!!!!!!!!!

Yours Ekaterina.

P.S. Nehemias If you can that send to me please photo.

Hotmail® nehemias_carneiro@hotmail.com

From : rtg <rtg321@female.ru>

Reply-To : rtg <rtg321@female.ru>
To : "Nehemias Carneiro" <nehemias_carneiro@hotmail.com>

Subject : Re: Message 31

Date : Sat, 18 Jan 2003 23:46:31 +0300

Hi my lovely and love the man in the world Nehemias!!!!!!!!!!!!!!!!!!!!!!!!!!

I to receive news from you and I to try to you once again to explain on the

account of the visa. My gentle visa of travel is much easier the visa of a

marriage. I to come to learn about the visa of travel and me to advise that I to

go to you in the country on this the visa .I the visa entitles to be at you 100

days in the country. And money you can not experience Western Union a reliable

service and most convenient. My honey I really to want faster to meet you I can

not wait any more. Yes lovely I to not receive yet your letter but I shall wait

still to hope that it you will reach really to not represent as at us horror to

work mail. I hope you to understand my explanations?
With an alarm to wait for your answer to all life yours Ekaterina.

Hotmail® nehemias_carneiro@hotmail.com

From : rtg <rtg321@female.ru>

Reply-To : rtg <rtg321@female.ru>

To : "Nehemias Carneiro" <nehemias_carneiro@hotmail.com>

Subject : Re: Message 32

Date : Wed, 22 Jan 2003 01:03:55 +0300

Hi mine lovely and gentle Nehemias!!!! I think concerning you all this time. I very much to trust you and I hope that soon we shall together. If I shall receive the visa of travel that I can remain with you only for 100 days. If I shall do(make) the visa of a marriage that I can arrive to you and we should do(make) a marriage within 100 days. Only then I can remain with you on all life. I can not wait of that moment when we shall be together. I to want to embrace you to kiss. You are very dear to me and I to want be with you. Write to me please soon. How soon you can help me with payment of the visa? We can be together speed but you understand that I should pay cost of the visa and only then her(it) will begin to prepare. I wait for your letter soon. Yours Ekaterina.

From : rtg <rtg321@female.ru>

Reply-To : rtg <rtg321@female.ru>

To : "Nehemias Carneiro" <nehemias_carneiro@hotmail.com>

Subject : Re: Message 33

Date : Thu, 23 Jan 2003 22:15:48 +0300

Attachments : Photo16.jpg (56k)

Hi mine lovely Nehemias!!!!!!!!!!!!!!!!!!!!!!!!!

I am glad by news from you they to warm to me heart. Yes I with you agree the visa of a marriage shall be very convenient I to go

necessarily on it(her). Mine lovely I to think on another not it is a

lot of. I simply can while begin do(make) the visa .Ñåé÷àñ she(it) owes I am done and then simply can with ready visa book a ticket and

take off to you by a next flight. What Nehemias you to think on the

account it? With impatience to wait the answer from you yours on all

life Ekaterina

Hotmail® nehemias_carneiro@hotmail.com

From : rtg <rtg321@female.ru>

Reply-To : rtg <rtg321@female.ru>

To : "Nehemias Carneiro" <nehemias_carneiro@hotmail.com>

Subject : Re: Message 34

Date : Fri, 24 Jan 2003 04:32:59 +0300

Hi lovely Nehemias!!!

I very much to want be with you and me you are necessary only.

You can send me 300 $ USA that I as soon as possible to begin to do(make) the

visa.

I can not be without you and I as soon as possible to want to see you.

While I will do(make) the visa it to borrow time. And when she(it) will be

ready I shall book a ticket to a next flight up to you.

I wait for the answer. KISS KISS KISS yours Ekaterina.

From : rtg <rtg321@female.ru>

Reply-To : rtg <rtg321@female.ru>

To : "Nehemias Carneiro" <nehemias_carneiro@hotmail.com>

Subject : Re: Message 34

Date : Sun, 26 Jan 2003 01:11:35 +0300

Hi mine lovely Nehemias!!!

I to receive you news. Mine gentle I should buy the ticket completely

to pay by his cash money. I to reserve the plane after to receive the

visa. I to call in the airport on my surname the ticket to order and
to pay it. A photo which I to send you my court yard was is made at my

house .Íà a photo. Lovely Nehemias when I can arrive I can not more wait any more? On all life yours Ekaterina.

Hotmail® nehemias_carneiro@hotmail.com

From : rtg <rtg321@female.ru>

Reply-To : rtg <rtg321@female.ru>

To : "Nehemias Carneiro" <nehemias_carneiro@hotmail.com>

Subject : Re: Message 35

Date : Tue, 28 Jan 2003 03:32:42 +0300

Hi mine lovely Nehemias!!!!!!!!!!!!!!!!!!!!!!!
I am glad to receive the letter from you. Your letters to heat my

heart and I all to wait for minute when we can will meet. Yes Nehemias

I to have money to a road they at me on hands. Simply I still to wait

the help from you at me to not suffice on the visa .Yes I to

understand that to me it is necessary to reach Rio to Teresina, I to

provide it .Love when I can arrive I can not wait .Íàì have remained

one small step Nehemias and we can be in a place I so want it. And you

in the letter to speak about what that letter from you I to not

receive before from you of news. I to wait your letter. On all life

yours Ekaterina.

Hotmail® nehemias_carneiro@hotmail.com
From : rtg <rtg321@female.ru>

Reply-To : rtg <rtg321@female.ru>

To : "Nehemias Carneiro" <nehemias_carneiro@hotmail.com>

Subject : Re: Message 36

Date : Wed, 29 Jan 2003 22:17:58 +0300

Hi mine lovely Nehemias!!!!!!!!!!!!!!

I am glad to news from you. The letters warm my heart. I Nehemias to

want to you to arrive very much but I can not understand when you to

me can help with the visa. When we can do(make) steps to our meeting

to wait your letter Ekaterina.

Hotmail® nehemias_carneiro@hotmail.com

From : rtg <rtg321@female.ru>

Reply-To : rtg <rtg321@female.ru>

To : "Nehemias Carneiro" <nehemias_carneiro@hotmail.com>

Subject : Re: Message 37

Date : Thu, 30 Jan 2003 04:05:05 +0300

Hi mine lovely and gentle Nehemias!!!!!!!!!!!!!!!!!!

I to receive the letter from you and I to want to tell that I to not

have the account in bank. And money you can send to me on Money Gram.

It is a very reliable service on translation of money. You can send me

them there? Rest I all to pay to me only to not suffice on the visa.

When I can receive your help. I already to want be with you mine gentle Nehemias. Let's all do(make) soon I to want be with you my honey. I can not buy the ticket without the visa. I with impatience to

wait the answer from you. Love always only yours Ekaterina.

Hotmail® nehemias_carneiro@hotmail.com

From : rtg <rtg321@female.ru>

Reply-To : rtg <rtg321@female.ru>

To : "Nehemias Carneiro" <nehemias_carneiro@hotmail.com>

Subject : Re: Message 38

Date : Sat, 1 Feb 2003 01:58:05 +0300

Hi my lovely prince Nehemias!!!

I am very happy to receive your letter.
I will think that better if you to send me money through Money Gram.

It for me the most convenient service for reception of money.

I very much to miss on you and to wait for our meeting with impatience. I to

want to be with you and to love you. I to think that soon I shall with you and

together it will be very good us.

I to love you and can not without you.

I wait for your letter soon. KISS KISS KISS KISS

Always yours Ekaterina.

Hotmail® nehemias_carneiro@hotmail.com

From : rtg <rtg321@female.ru>
Reply-To : rtg <rtg321@female.ru>

To : "Nehemias Carneiro" <nehemias_carneiro@hotmail.com>

Subject : Re: Message 40

Date : Sun, 2 Feb 2003 00:02:51 +0300

Hi my lovely and gentle prince Nehemias!!!!!!!!!!!!!!!!!!!!!!!!!!!!!!!!!

I am glad to receive the letter from you. Letters to warm my heart. Also do not

think that your money are necessary for me and that I to speak all about the

visa. Simply I already so a long time to want to be with you. I to want to meet

faster. That you now seem to me to not want our meeting. I already and to find

money to road. To remain only to do(make) the visa .Íî you why that to not help

me. I to speak you that I do not have phone of a house. And about children I yet meet not decide if can .Ìû could discuss it together. I and so at relatives to

take this money to road. From me there is nobody to borrow(occupy) more. I and so to take from all on hardly hardly. They do not have more such money. Lovely

let's solve faster about our meeting I can not wait any more I to want to you.

Yours on always Ekaterina

Hotmail® nehemias_carneiro@hotmail.com

From : rtg <rtg321@female.ru>

Reply-To : rtg <rtg321@female.ru>

To : "Nehemias Carneiro" <nehemias_carneiro@hotmail.com>

Subject : Re: Fwd: Message 41

Date : Sat, 8 Feb 2003 00:07:13 +0300
Hi my lovely and gentle Nehemias!!!!!!!!!!!!!!!!!!!!

I am glad that you to write me my honey. I at once want to tell you

that I to pay all other road itself. It is all I make my honey I can

not to understand why you can not send money on such service as the

Western union? It for me the best opportunity. I so to want a

meeting with you mine love. I to press your answer .íà all life

yours Ekaterina.

Hotmail® nehemias_carneiro@hotmail.com

From : rtg <rtg321@female.ru>

Reply-To : rtg <rtg321@female.ru>

To : "Nehemias Carneiro" <nehemias_carneiro@hotmail.com>
Subject : Re: Message 42

Date : Sat, 8 Feb 2003 23:36:41 +0300

Hi my lovely and gentle honey Nehemias!!!!!!!!!

I am glad to receive your letter only I to not understand about

bank. You to send to me money? But how I can receive them Nehemias

I do not present? Why you of me to not listen to my honey about the

Western union. It was so for me conveniently. I now with impatience

to wait the answer from you. All life yours whole Ekaterina.

Hotmail® nehemias_carneiro@hotmail.com

From : rtg <rtg321@female.ru>

Reply-To : rtg <rtg321@female.ru>

To : "Nehemias Carneiro" <nehemias_carneiro@hotmail.com>

Subject : Re: Message 43

Date : Thu, 13 Feb 2003 23:19:02 +0300

Hi mine lovely and gentle Nehemias!!!!!!!!!!! I to receive your letter. And I to not know what to do(make). I that to know about bank. At me is not present what service except for Western union. I any more how can not receive money. It for me all my variants. I to not know what to us to do(make)? I to wait the answer from you is speed(faster) Ekaterina.

Hotmail® nehemias_carneiro@hotmail.com

From : rtg <rtg321@female.ru>

To : "Nehemias Carneiro" <nehemias_carneiro@hotmail.com>
Subject : Re: Message 44

Date : Sat, 15 Feb 2003 23:18:50 +0300

Hi mine lovely Nehemias!!!!!!!!!!!!!!

I to understand that you to send me money. But as I can receive them.

Yours Ekaterina.

Enter content here

Enter content here

Enter content here

Enter supporting content here

Home | Doenças profissionais. Art. 24. Lei Complementar 073. (MA). | UEMA Maranhão State University | Processo GDR - Caxias 487/99 | Teacher | Agenda | Agenda 1 | Negritude e poder na Língua Árabe | Negritude e poder na Língua Chinesa | Negritude e poder na Língua Coreana | Negritude e poder na Língua Espanhola | Negritude e poder na Língua Hebraica | Negritude e poder na Língua Holandesa | Negritude e poder na Língua Italiana | Negritude e poder na Língua Japonesa | Negritude e poder na Língua Pérsica | Negritude e poder na Língua Polonesa | Negritude e poder na Língua Russa | Negritude e poder na Língua Turca | Negritude e poder na Língua Ucraniana | Negritude e poder na Língua Alemã. | Negritude e Poder em Francês. Noirceur et pouvoir. | Blackness and Power 2nd. edition | Words to visitor | Immediate Use Troops | Kipling | Song 2 | Ekaterina Polushina | November 2002 | Medical Ethics | Medical Expertise | Contact Me | Lawyer | Revenge Target: Pinochet | Perfil militar | Gilberto Freyre | National Shame | The fury of roman legions | Good and Evil Together | Negritude | Blackness and Power 7 | Blackness and Power 6 | Blackness and Power 5 | Blackness and Power 4 | Blackness and Power 3 | Blackness and Power 2 | Blackness and Power 1 | Partners, alert! | The third State | Tiranny | Moment of decision | The message of Ibirapuera | Globalization=Corruption | Operation "Itororó" | National crusade | Electoral Transformism | Argos e as faces | 09/20/88 Deputies Chamber | 1991 - Telegram Deputies Chamber | 06/26/92 Deputies Chamber | Proposta 03704 | Proposta 03707 | Proposta 03597 | Proposta 03226 | Proposta 03382 | Proposta 03389 | Proposta 03554 | 02/27/87 Senate | 04/03/89 Senate | Before December 1992 | Review Lessons | Old Home Page | Lições que ficaram | Política bancária | Propostas sobre política bancária | Fantasy | Military Song | Proposal # 03389 | Central Bank | Qualidade Total - Total Quality | Interpelações administrativas - Administrative interpellations. | Grande Oriente do Brasil - Great East of Brasil | Secretaria de Educação Municipal - General office of Municipal Education | Justiça do Trabalho - Justice of the Work | Razões do agravo de petição - Reasons of the petition offence | Essay Page | Requerimentos - Applications | 01/07/1985 | 08/06/1984 | Translations from "Requerimentos" | Translations 1 | Federal savings bank | Proposta 03845 | Proposta 03829 | Proposta 03828 | He alerts the youths!

Web Log On Line Diary Nehemias

Shoulder to shoulder - November 2002

Enter subhead content here

Shoulder to shoulder. November 2002, page 2. http://www.ombro.com.br

For incredible that it seems!

Reformed lieutenant-colonel. One of the most distinct members of his formation group. To the Brazilian Army it rendered relevant services in his Artillery, of origin, besides the ones that it marked his passage as Official of State-larger. It was transferred early for the Reservation by personal motivations.

It would come to reach him, already in the inactivity, the badly of an evil neoplasia. It was treated. Although apparently cured, the prognostic was bad. They granted him the Additional of Disability. It ran the year of 1994.

In July of 2000, he attended the Committee of Inspection of Health for notification of disable person's condition. The disease came back, indicating the treatment continuity for uncertain time.

In September of 2002 new summons of the Committee of Inspection of Health, to which attended with supporting documentation of the treatment of his badly, in fact of high costs and with the opinion of his doctor of cancer of having the prostate cancer that incurable character is suffered. It shows the Committee with the opinion that our veteran one doesn't "need permanent cares of nursing or of hospitalization." Such an opinion implicates in the cancellation of the Aid disability.

He finds strange our almost octogenarian such veteran decision and it is informed that the deliberation it had done obedient to superior orders. More it finds strange for the fact than Committees are independent in their medical opinions, obedient to the ethics and the doctors' professional convictions that integrate them. And, more than to amaze, nor he wants to believe in what tell him, as unhappy words of comfort: "Inspected should consider him happy for to be active and not to need nursing or hospitalization for the twenty-four hours of every day, losing, although, the Aid disability."

It seems us that such a restrictive interpretation, "of superior orientation", almost approximates Funeral's aid to Disability aid in the time because to the first, in case of concession, soon it would bring (to the dependents) the Funeral Aid

It is humanity's lack, knowing any lay one that sufferings import a cancer picture in somebody, in the problems that it causes the family, in the consequences on the organism of the treatments chemicals, radio exposures, and pills/injections.

What is a disable person, then? A terminal patient? Is it anybody what vegetates in some withdrawal (in fact that the Army doesn't provide) waiting for the final blow? Or to who will anybody be is due the whole affection (what doesn't weigh in the budget of the Army) and the material attendance and of remuneration as compensation (what won't be prolonged, unhappily, in long existence)?

The Honorable Mister Commander of the Army what the one says to that? His Excellency lived the drama of his special one and always reminded wife that the cancer stole to his conviviality. The journal Shoulder to shoulder has faith that the such "superior orientation" that is guiding Disability Aid's cancellation, in the referred case and, certainly, in many others won't subsist.

Let us respect our veteran ones, our patients, our old soldiers. It is what waits the solidarity of the barracks.

Journal Shoulder to shoulder. November 2002, page 12.

The Language that we spoke

Arthur Virmond and Suplicy of Lacerda

It was established in Brazil, of one times for here, the average use of terms and expressions of the English language amid the Portuguese and even with exclusion of this, as sophistication sign and refinement. It grew up a cultural value: that to show a certain foreign language it matters in prestige for who practices like this.

It is pathetic that such mentality has constituted at a country in that there is illiteracy and, of part of the literate ones, a detachment accentuated to the reading and because, to the conviviality with the forms better articulate of the language. It was valued to show English although if it didn't turn unfair proportionally to know the Portuguese badly, to suffer of poverty of words, to incur in syntax mistakes, of agreement, of regency of verbal time.

The values were inverted, being spared the quality of what is essential, in what it is us own and indispensable, in favor of the artificial ostentation of a foreign language.

Such phenomenon is due partly to the globalization. However let us don't deceive the facts: while it seems natural, maybe same inevitable, English's use in the commercial and technical world and the import of the North American technology (above all computer science), reason none exists for us to introduce the English language as it had been ours or indispensable. To the opposite, endowed that are of language own, old, of centuries, rich of immense vocabulary, full in expression resources, cultivated in Brazil (and not only) for amazing and beautiful writers of hearing when well spoken, they remain in the reasons, these and other, for us to be jealous of him as of one of our best patrimonies, as an aspect of our cultural identity, of that that we are while people characterized in the world of globalization.

Of we import the yank technology, it is not followed that should make it in English: let us receive from the foreigner that in the lack and let us use it with the one that in the surplus, I want to say, with own vocabulary. It is not much more natural say "programa" instead of software and "ratinho" instead of mouse?

From insisting in the Anglicism, many Brazilian they are going forgetting the vernacular, as if for certain situations there were just the terms in English and any equivalent one in Portuguese, when the normal would be to think precisely the inverse. Who would already know the equivalent of show, of hobby, of ranking? (I remember them: espetáculo or concerto, passatempo, tabela ou lista, everything of the good and old Portuguese).

Some people adhered to English's habit in the conviction that through her would turn in the same to U.S.A. Though imitating a language finds strange, any that is, the maximum that we got is to pollute ours. Of the Americans we should imitate, that yes, the rulers' public spirit, the efficiency of their institutions, the production of their universities, their patriotism, their attachment to their flag, their history, their culture, to their... language.

We will be similar to U.S.A. when some of our values assimilate to the of them, I want to say, when we feel ourselves Brazilian firmly, as well as them they sit down North American firmly, and when we affirmed our sentiment of being Brazilians. We put our shoulder to shoulder with U.S.A. and with the first world in general when one of our jealousies and of our devotions it goes our language.

Because, after all, to fill the Portuguese of Anglicism for pure idiom or for laziness of translating or of inventing, besides of not honorable, it is a form of colonialism, and of the worst type, of that in that colonized takes it the initiative of the putting him down by himself. In Brazil and for Brazilians, let us speak Portuguese!

Enter content here

Enter content here

Enter content here

Enter supporting content here

www.ingramcontent.com/pod-product-compliance
Lightning Source LLC
Chambersburg PA
CBHW051311220526
45468CB00004B/1302